Leroy,
mémoire sur les travaux
qui ont rapport à l'ex-
ploitation de la mâture
dans les Pyrénées. in 4º.
V. M. (St Cloud)
Londres ou Paris
1776.

MÉMOIRE
SUR LES TRAVAUX
QUI ONT RAPPORT
A L'EXPLOITATION
DE LA MÂTURE
DANS
LES PYRENNÉES.

Avec une description des manœuvres & des machines employées pour parvenir à extraire les Mâts des forêts & les rendre à l'entrepôt de Bayonne, d'où ensuite ils sont distribués dans les différens Arsenaux de la Marine.

Par M. LEROY, Ingénieur des Ports & Arsenaux de la Marine.

A LONDRES,

Et se trouve A PARIS,

Chez {
COUTURIER pere, Imprimeur-Libraire, aux Galeries du Louvre.
COUTURIER fils, Libraire, Quai des Augustins, au Coq.

M. DCC. LXXVI.

DISCOURS PRÉLIMINAIRE.

Lorsque j'ai entrepris ce Traité des travaux & des machines qui ont été employées à l'exploitation de la Mâture dans les Pyrennées, j'ai eu principalement le deſſein d'être utile ; j'ai voulu tracer & rendre facile à ceux qui pourroient me ſuivre, une route que j'ai moi-même applanie, & que je n'ai pas parcourue ſans beaucoup d'efforts & même de périls : peut-être auſſi ne puis-je pas me défendre du plaiſir d'expoſer & de faire connoître les difficultés qu'il y a eu à vaincre, les manœuvres qu'il a fallu inventer, perfectionner, ou du moins appliquer d'une maniere nouvelle, ſoit pour éviter les frais, ſoit pour épargner aux travailleurs une partie des périls inſéparables de ces opérations. Les travaux les plus diſpendieux, & ceux qui ont le plus d'éclat, ne ſont pas toujours ceux où il y a le plus d'obſtacles à vaincre : il eſt aſſez naturel à celui qui croit en avoir vaincu de conſidérables de deſirer qu'ils ne ſoient pas entiérement ignorés, & de n'être pas indifférent ſur le petit honneur qui peut lui en revenir.

a ij

Les perfonnes qui ont vifité les lieux où ces travaux fe font exécutés, n'ont pas vu fans étonnement quelques-unes des entreprifes qu'on y a faites; par exemple, le chemin qui fert actuellement pour l'exploitation d'un nouveau quartier de fapins peut avoir de quoi furprendre; il eft conftruit à travers des précipices, à travers des rochers qui ont fix cens toifes de hauteur prefque à pic, & dont plufieurs font éloignés les uns des autres d'environ cinquante pieds; un torrent très-rapide paffe dans le fond : ce chemin, pris fur l'un des côtés du précipice, eft taillé en entier dans le marbre fur toute fa largeur; & une grande partie eft en demi-voute de douze pieds de hauteur : cette partie a près de huit cens toifes de longueur.

Une chofe rend effrayant l'afpect de ce chemin; il eft tracé à la moitié de la hauteur du rocher, de forte que d'un côté il y a un abyme très-profond, de l'autre un rocher à plomb dont on n'apperçoit pas toujours le fommet. Outre les difficultés naturelles qui réfultent du concours de ces circonftances, on doit compter celles qui naiffent de l'horreur du lieu, de la néceffité de n'employer que des ouvriers qui y foient familiarifés : on peut dire que les fpectacles effrayans qui fe multiplient dans ces lieux fauvages, donnent aux travaux qu'on y exécute un air de grandeur qu'ils méritent affez par les obftacles qu'ils donnent à furmonter.

Des trois forêts dont il fera queſtion dans ce Traité, les plus conſidérables ſont celles d'Iſſaux & le Paĉt, actuellement en exploitation ; c'eſt-là où ſe ſont faits les travaux les plus difficiles, & c'eſt de la premiere que ſont ſortis les Mâts exploités depuis douze ans ; l'autre qu'on appelle *le Benou* eſt ſituée dans une vallée oppoſée, elle n'a fournie que des matéraux, des eſpars doubles & ſimples, des manches de gaffes : ces bois étant de petites dimenſions, leur extraĉtion & leur tranſport n'ont pas de grandes difficultés ; je n'en parlerai donc que relativement à la qualité des bois & à leur uſage.

Il y a près de 150 ans que ſous le miniſtere du Cardinal de Richelieu on commença à tirer quelques Mâts des Pyrénées ; mais ce ne put être qu'en petite quantité, & ils durent être extrêmement chers , parce que n'y ayant ni chemins faits pour les ſortir de la forêt, ni riviere navigable pour les flotter , leur tranſport ne pouvoit être que très-long & très-pénible. Depuis ce temps·là pluſieurs particuliers ont tenté, à diverſes repriſes, l'exploitation de ces bois ; mais les obſtacles étoient les mêmes, & ils devoient empêcher le ſuccès ; on n'en pouvoit eſpérer qu'en pratiquant des chemins commodes juſqu'au centre de la forêt, juſque ſur le lieu même de l'exploitation, & d'une autre côté aboutiſſant à une riviere navigable ou rendue telle à peu de frais. Ce ne fut qu'en 1758 qu'il se forma dans la Province du Béarn une Compagnie en état de faire toutes les avances néceffaires pour cette exploitation ; le Miniftere approuva ce projet & paffa un traité avec les Entrepreneurs : enfuite il jugea que cette entreprife pouvoit être utilement exécutée pour le compte du Roi ; en conféquence, fur la fin de l'année 1765, on nomma des Officiers d'adminiftration de la Marine pour diriger cette exploitation de la maniere dont elle eft montée à préfent.

Je commence ce traité par une defcription fommaire de la partie des Pyrennées qui avoifine les forêts en exploitation; il eft difficile d'avoir autant parcouru ces montagnes, fans avoir quelque defir d'en parler : une expofition plus étendue de tout ce qu'on peut y remarquer, feroit un ouvrage plus curieux en foi, qu'il n'eft pas à ma portée.

Je m'occuppe dans les deux premiers chapitres de la nature des fapins qu'on y exploite ; plufieurs Auteurs en ont déja parlé, mais il eft difficile qu'ils aient eu l'occafion d'en voir une auffi grande quantité que moi, fur des terreins auffi variés, à des expofitions auffi différentes, & tout cela eft néceffaire pour juger de l'enfemble. Les autres chapitres fuivent à peu près la marche des travaux. Pour répandre plus de clarté fur les manœuvres dont une defcription ne pourroit pas donner une idée nette, j'y ai joint les deffins qui m'ont paru néceffaires : en tout, fans m'oc-cuper beaucoup d'une infinité de détails qui ferviroient principalement à montrer combien il a fallu aux directeurs de cette entreprife de vigueur & d'activité, & peut être d'induftrie & d'intelligence ; je n'ai rien omis volontairement de tout ce qui m'a paru pouvoir être utile.

TABLE
DES CHAPITRES

Contenus dans ce Volume.

Description

DESCRIPTION
SOMMAIRE
DE LA PARTIE
DES PYRÉNÉES
QUI AVOISINE LES FORESTS DE SAPINS
EN EXPLOITATION.

Les Pyrénées qui féparent la France de l'Efpagne , forment une chaîne continue depuis Fontarabie jufqu'à Perpignan : ces maffes énormes ne font qu'un feul corps , qui fe prolonge fur la même ligne fans interruption ; il n'y a aucun paffage pour pénétrer d'un Royaume à l'autre : on eft forcé de choifir quelques parties de ces Montagnes dont le fommet eft moins élevé , & de le franchir : c'eft à ces points qu'on donne le nom de *Ports*. La chaîne des Pyrénées offre dans fon enfemble un des plus grands fpeɛtacles , & des plus capables d'étonner l'imagination. La variété des afpeɛts , la magnificence des

A

décorations ; quelquefois le filence & l'horreur de ces lieux fauvages , plus fouvent le bruit fourd des torrens , tout y met l'ame dans un état extraordinaire. Le Naturalifte, dans fes recherches, y trouvera beaucoup de richeffes de détail; mais il ne faut qu'ouvrir les yeux pour être frappé , & comme faifi de la majefté de la nature , qui paroît les y avoir amoncelées avec une profufion digne d'elle. Toutes les montagnes qui forment cette chaîne , ne font pas de la même hauteur. J'aurois voulu pouvoir donner la mefure jufte des plus élevées , qu'on appelle *Pics* ; mais, outre qu'il n'eft pas facile de parvenir jufqu'au fommet, l'air y eft prefque toujours chargé de vapeurs, de maniere à mettre les Barometres en défaut. Le temps le plus propre à faire ces expériences, feroit le mois de Septembre où l'air eft le plus pur ; mais il faut que, pendant ce temps, les circonftances permettent de fuivre cette entreprife, qui a toujours de grandes difficultés, & c'eft ce qui ne m'eft pas arrivé.

Le rocher eft à nud au fommet des plus hautes Montagnes : leur afpect en devient plus affreux, & il y en a beaucoup qui font fillonnées par la foudre. C'eft dans les cavités ou les intervalles des rochers , que croiffent les plantes qui ont fait tant gravir le favant Tournefort. On trouve en grande quantité, dans les vallées, des débris de ces fommets les plus élevés , que quelques Auteurs nomment *Montagnes primitives.* C'eft une pierre grisâtre, affez tendre, qui n'a rien de commun avec le Marbre que d'être calcaire. Les habitans des vallées s'en fervent en effet pour faire de la Chaux. Les Marbres, dont on voit une grande quantité dans ce pays, fe trouvent conftamment à une moindre hauteur; au deffus du niveau qui leur appartient, c'eft toujours cette pierre grife , feulement avec quelques variétés. Les rochers qui forment certains Pics , font par couches horizontales , depuis leur fommet jufqu'au niveau des Montagnes qui les avoiſinent. A cette hauteur, les couches prennent la pente de chaque montagne ; ſouvent elles ſont fort épaiſſes , & ſuivent une ligne droite inclinée ſur près d'une demi-lieue de longueur. Cette remarque ne ſe peut faire que dans les grands ravins. Le corps même des Montagnes eſt enveloppé & comme revêtu des débris de leur cime.

Leur ſein renferme une grande quantité de Mines ; mais, comme elle ſe trouvent le plus ſouvent dans les endroits les plus affreux , ceux qui en viennent chercher, ſont aiſément rebutés par les difficultés , & même par les périls qu'ils ont à eſſuyer.

Les Mines les plus communes ſont celles de Cuivre & de Fer : il y en a auſſi de Plomb & de Vitriol, de Soufre, & même d'Argent; mais en très-petite quantité. Celles de Soufre s'y rencontrent ſous des formes ſingulieres : il eſt quelquefois ſi bien engagé dans du Marbre, qu'il ſe travaille avec la pierre, & alors il reſſemble à de petits cubes d'or qui y ſeroient incruſtés : c'eſt dans de la pierre ordinaire blanchâtre qu'il eſt interpoſé. Cette pierre eſt auſſi aſſez ſouvent colorée par taches d'un beau bleu céleſte, qui indique la préſence d'un Vitriol Cuivreux. On y voit des Marcaſſites , des blocs qui reſſemblent à la Mine de Plomb d'Angleterre : ils ſont ordinairement par morceaux détachés de plus d'un pied cube : on les trouve dans les éboule-mens & excavations des chemins où ils paroiſſent être deſcendus avec les autres débris. On y voit beaucoup de Quarts & de Talc. J'y ai trouvé auſſi des ſcories de Mine de Cuivre en maſſe, attachés aux rochers & faiſant maſſe ; ce qui indiqueroit quelque volcan. Ces morceaux étoient d'ailleurs auſſi légers que la pierre Ponce. Ces Mines pourroient avoir encore été exploitées par les Anciens, qui, dans les temps reculés, ne connoiſſoient d'autres moyens que le feu autour de ces rochers.

Ce qu'on y trouve de Criſtaux eſt en très-petite dimenſion ; & je n'ai jamais pu y rencontrer de Pétrification proprement dite. On voit ſeulement dans les grottes des Stalactiles , des Stalagmites, & d'autres Criſtaliſations de ce genre. Je n'ai jamais apperçu aucun Coquillage dans les Pyrénées , ſeulement quelques empreintes ſur les pierres que j'ai toujours cru formées par des filtrations : mais il y en a beaucoup à quelque diſtance du pieds de ces Monts. On en voit de toutes les formes à deux ou trois lieues de la ville d'Aire , qui eſt à dix lieues des Montagnes. Ces Coquillages ſont par bancs horizontaux , & mêlés avec de gros graviers , au point de former un corps aſſez dur pour ſervir de moilon , & même pour l'empierrement des grandes routes. Il y a des Coquillages qui ſont très-grands , & dont la nacre s'eſt conſervée en entier.

Il paroît certain qu'il y a eu autrefois des travaux de Mines conſidérables dans les Pyrénées. On y trouve ſur quelques Montagnes très-élevées , des puits faits de main d'homme , avec même quelques reſtes de Maçonnerie qui n'en laiſſent pas douter. Les gens du pays croient que ces Mines avoient été exploitées par les Maures. Nous avons déja remarqué que dans les hautes Montagnes , que quelques Naturaliſtes nomment *primitives ,* les couches de pierre ſont ordinairement preſque verticales , ou du moins très - inclinées : les filons doivent ſuivre la même direction , & par conſéquent ils ſe découvrent plus facilement ſur le ſommet. Au ſurplus ces grandes Montagnes renferment toujours beaucoup de richeſſes de différens genres. Les Romains y ont exploité des Mines d'Or & d'Argent , mais ſur le côté de l'Eſpagne , où peut-être la chaleur du climat eſt plus favorable à la formation de ces Métaux. On conjecture auſſi que les Carthaginois y ont travaillé. Il y a de ce côté de l'Eſpagne pluſieurs Mines qui ſont encore connues.

Dans quelques ravins fe forme une pierre finguliere & d'un grand ufage : elle eft compofée de filamens fouvent très-déliés, & entrelacés les uns dans les autres ; quelques morceaux reffemblent à une poignée de foin. Cette pierre eft toute percée à jour, tendre, & pleine d'eau lorfqu'elle fort de la carriere : on la taille aifément avec une hache ; mais au bout de quelques jours elle acquiert une grande dureté. C'eft une de celles qui réfiftent le plus au feu, & en conféquence on l'emploie pour les cheminées & pour les fours. Cette pierre paroît fe former tous les jours par le moyen des eaux qui coulent dans les ravins, & charrient le fuc pierreux propre à cette formation. Si l'eau paffe fur les débris des pierres qui ont été taillées dans la carriere, qu'elle fe filtre à travers, il fe reforme de nouvelles pierres en très-peu de temps.

Je ne dirai rien des Marbres : quoiqu'on connoiffe une partie de ceux des Pyrénées, il y en a beaucoup qui font inconnus : j'y en ai vu une affez grande quantité d'efpeces, qu'on ne foupçonne même pas de s'y trouver. Ce détail eft trop étendu pour avoir place ici, & demanderoit peut-être un Ouvrage à part. J'aurois cependant defiré d'y trouver, dans les différentes courfes que j'ai faites, les carrieres de différens morceaux très-rares que j'ai remarqués parmi les débris que la riviere charrie dans les débordemens. J'y ai vu du Marbre verd foncé, tacheté d'un beau rouge, par placards d'environ trois pouces de diametre, éloignés les uns des autres de fix pouces, fans fe communiquer par aucune veine. Ces Marbres font en général fort durs ; les taches rouges le font plus que le refte, & feroient fort difficiles à polir : ces Marbres font feu avec le briquet. J'ai trouvé d'autres morceaux d'un fond gris, tachetés de petits ronds blancs, de deux lignes de diametre, tous réguliers, & à deux lignes auffi de diftance les uns des autres, arrangés en échiquier : ces ronds font l'effet d'une baguette qui traverferoit le lit de la pierre en lignes droites correfpondantes, ce qui produit un effet fingulier lorfqu'elle eft travaillée fur plufieurs faces. Il y a encore des Marbres qui au lieu d'être veinés, font formés par couches égales de différentes couleurs; j'en ai vu dont chaque couche avoit un pouce & demi d'épaiffeur; l'une étoit d'un verd pâle; l'autre étoit grife, fans qu'il y en eût jamais deux de fuite de la même couleur. Il y a d'affez beaux blocs de Granit, des Agathes: la feule vallée d'Afpe contient plus de foixante efpeces de Marbres différens. Pour trouver les Carrieres dont ces morceaux font des débris, il faudroit parcourir tous les ravins qui aboutiffent à la riviere; & c'eft ce qu'un homme qui s'y voueroit uniquement, n'acheveroit pas dans une année. Les Pyrénées renferment auffi beaucoup d'Ardoiferies, la plupart fort élevées : on y trouve encore de la Pierre de Touche. J'ai vu auffi des bancs de Grais fur la cime d'une Montagne très-élevée.

Je ne crois pas qu'on ait jamais dit que ces Montagnes aient été expofées aux révolutions occafionnées par les éruptions de volcans & les tremblemens de terre. Cependant il eft vraifemblable que le fond d'une gorge qu'on y obferve, a été, dans des temps reculés, le foupirail ou la bouche d'un volcan : la forme en eft prefque ronde, à l'exception de l'entrée par où les eaux s'écoulent, & qui fans doute a été minée par le temps. Le fond de la gorge, qui a près d'un quart de lieue de diametre, femble indiquer que l'ouverture de ce volcan étoit confidérable. Toutes les terres qui l'environnent, paroiffent cuites, depuis le pied de la Montagne jufqu'au fommet : elles font rouges & briquetées, fe détachent facilement à la moindre pluie, & teignent la riviere en couleur de fang. Tous les rochers y font brulés & féparés par de grandes crevaffes, & on en trouve à une grande diftance des quartiers confidérables, qui paroiffent y avoir été jettés par quelque irruption. Il eſt à croire que, dès l'inſtant de l'extinction du foyer, le ſommet du ſoupirail aura croulé, que l'entrée s'en ſera fermée, & qu'enſuite les pluies auront contribué à élargir cette grande ouverture. Sur le haut de la Montagne, à côté de cette gorge, il y a un Lac aſſez grand & très-profond, dont l'ouverture originaire pourroit bien être auſſi l'ouvrage de quelque volcan. Comme ce Lac eſt fort élevé, ſes eaux reſtent glacées près de huit mois de l'année ; ce qui n'empêche pas qu'on n'y prenne des Truites peſant juſqu'à douze livres.

La hauteur de cès Montagnes, & la pente exceſſive de quelques-unes, occaſionnent quelquefois de grands ravages, dans les hivers un peu rudes, par les éboulemens de neige, que l'on nomme *Lavanges*. Ces maſſes, qui partent toujours du ſommet, groſſiſſent ſi prodigieuſement dans leur chûte, qu'elles détruiſent tout ce qui ſe rencontre dans leur paſſage : la rapidité avec laquelle elles ſe précipitent, cauſe un bruit effroyable, & une telle commotion, que tout ſe renverſe & ſe déracine à plus de cinquante pieds de diſtance, avant que la lavange arrive : il y en a de ſi prodigieuſes, qu'elles entraînent & briſent de fort gros rochers : leurs débris font enſuite avec elles une maſſe qui ſe conſerve très-avant dans l'été. On a été contraint de reculer quelques Villages trop expoſés à ces chûtes, qui en détruiſoient les maiſons. Dans l'hiver de 1770, pluſieurs perſonnes, dans différentes Vallées, furent entraînées avec leurs habitations & périrent. J'ai vu des parties de bois déracinées en entier, depuis le ſommet de la Montagne juſqu'au pied, ſur plus de cent pieds de largeur : tous les arbres étoient briſés, quoique dans le nombre il y en eût de plus de deux pieds de diametre.

En général, il y a beaucoup de bois épars dans toutes les gorges des Pyrénées. Les Hêtres & les Sapins paroiſſent ſur-tout s'y plaire : le Chêne n'y croît que médiocrement : on n'en trouve jamais de bons pour le fervice qu'au pied des Montagnes les plus baffes, du côté des plaines. Au centre & vers les cimes, il y a quelques Pins, mais en très-petite quantité, & de peu de valeur. Quant aux forêts de Sapins, il y en a de très-étendues: celle d'Iffaux qu'on vient d'exploiter, & qui a donné lieu à ce Traité, contenoit en fuperficie 3500 arpens ; l'arpent a 100 perches quarrées, & la perche a 22 pieds de roi. Cette fuperficie étoit toute couverte de Sapins. Au pied, & fur les côtés, il y avoit des cantons peuplés de Hêtres, qui auroient formé une Forêt auffi vafte. Il exifte d'autres Forêts de Sapins, contenant de très-belles Mâtures, & plus étendues encore que celle d'Iffaux ; entr'autres Ejabas, fituée à l'extrêmité de la vallée d'Offau & Yraty, proche Saint-Jean-Pied-de-Port. Il y en a une autre dans le pays de Soule, en Bafque, que l'on appelle *Sainte-Engrace*, dont l'étendue eft confidérable, & où il y a de très-belles Mâtures. Je remets à parler ailleurs de la qualité des Sapins. Quant aux Hêtres, il y en a de très-beaux ; on en exploite tous les jours pour en faire des Avirons (1).

---

(1) La forêt d'Iffaux étoit fi confidérable & fi fourrée avant qu'il fût queftion de l'exploiter, qu'il y a plus de trente ans qu'on y prit une fille fauvage, d'environ feize à dix-fept ans; elle habitoit, depuis fept à huit ans, ces bois; elle avoit été laiffée par une troupe d'autres filles qui y furent furprifes par la neige, & obligées d'y paffer la nuit ; le lendemain elles chercherent leur camarade, la chercherent inutilement, & l'abandonnerent. Cette fille, arrêtée enfuite par des Pafteurs, ne fe reffouvenoit de rien, avoit perdu l'ufage de la parole, & ne fe vouloit manger que des herbages; elle fut conduite à l'Hôpital de la ville de Moleon, où elle a vécu long-temps dévorée de chagrin, regrettant toujours fa liberté, ne parlant jamais, & reftant prefque immobile toute la journée, la tête appuyée fur les deux mains; elle étoit d'une taille ordinaire & avoit quelque chofe de dur dans la phyfionomie.

Il n'y a pas deux ans que les Pafteurs voifins de la forêt d'Yraty, proche Saint-Jean-de-Pied-de-Port, apperçurent fouvent un homme fauvage qui habitoit les rochers de cette

Quelque

Quelque étendues que soient encore actuellement ces Forêts, il est vraisemblable que dans des temps reculés elles l'ont été beaucoup plus. Les Vallées sont habitées par des Pâtres, dont l'intérêt est d'agrandir continuellement leurs pâturages. Outre le soin qu'ils y emploient, en mettant le feu aux bois qui les incommodent, les troupeaux eux-mêmes détruisent à mesure le repeuplement, qui se feroit infailliblement, si la nature étoit abandonnée à elle-même. Les loix communes à ces Pasteurs ne leur permettent de commencer à mener leur bétail dans certains Cantons, qu'à un certain jour indiqué. Si ce temps est un peu avancé dans l'année, au mois de Septembre, par exemple, il n'est pas rare que ces Pasteurs trouvent leurs pâturages couverts de petits Sapins, de deux à trois pouces de haut, dont la graine a été apportée par les vents. En général, ces Forêts quoiqu'immenses, ne font situées que dans les lieux les plus affreux, & parmi les précipices : elles auroient fans doute été détruites, fi l'abord n'en eût pas été comme impossible.

L'Ours, le Loup, le Chamois, qu'on nomme *Hifar*, ou

---

forêt. Cet homme étoit de la plus grande taille, velu comme un ours, & alerte comme les hifars, d'une humeur gaie, avec l'apparence d'un caractere doux, puisqu'il ne faisoit de mal à rien. Souvent il visitoit les cabanes sans rien emporter ; il ne connoissoit ni le pain, ni le lait, ni les fromages ; son grand plaisir étoit de faire courir les brebis, & de les disperser en faisant de grands éclats de rire, mais fans jamais leur faire du mal. Les Pasteurs mettoient souvent leurs chiens après ; alors il s'enfuyoit comme un trait, & ne se laissoit jamais approcher de trop près. Une seule fois, il vint un matin à la porte d'une cabane d'ouvriers qui faisoient des avirons, & qu'une grande abondance de neige tombée pendant la nuit retenoit ; il se tint debout à la porte qu'il tenoit des deux mains, & regardoit les ouvriers en riant. Un de ces gens se glissa doucement pour tâcher de le saisir par une jambe ; plus il le voyoit approcher, & plus son rire redoubloit ; ensuite il s'échappa. On a jugé que cette homme pouvoit avoir trente ans : comme cette forêt est d'une grande étendue, & communique à des bois immenses appartenans à l'Espagne, il y a à préfumer que c'étoit quelque jeune enfant qui s'y étoit perdu, & qui avoit trouvé les moyens d'y subfister avec des herbes.

B

Chevre fauvage, le Chevreuil, le Sanglier, font les animaux qui fréquentent le plus ordinairement les Montagnes des Pyrénées. On y voit auffi quelques Chats fauvages, qui reffemblent à des Tigres d'une petite efpece : ils ont quinze pouces de haut, fur trente de long, & leur peau eft tachetée des mêmes couleurs que celle du Tigre : ils attaquent les Agneaux & même les Brebis, & leur voracité les rend très-dangereux ; mais heureufement ils font affez rares. L'Ours eft le plus grand fléau des Pafteurs : il en détruit le Bétail avec d'autant plus de facilité, que fa préfence ne lui caufe aucun effroi. Les Brebis craignent le Loup, & l'éventent même de fort loin : elles fe promenent tranquillement avec l'Ours : on prétend que lorfqu'il n'eft pas inquiété par les chiens ou les gardiens, il profite de cette affurance pour tâcher de choifir les plus graffes : fouvent il en dévore fur les lieux ; & les autres, loin d'en être effrayées, viennent le flairer, & paître à côté de lui : cet animal paroît avoir l'attention de n'exercer fes ravages que loin de fon antre, afin de n'y être pas troublé ; mais on cherche à le découvrir, les Communautés fe raffemblent pour le chaffer. Elles paient trente livres à celui qui en apporte la peau ; des chaffeurs courageux vont feuls à cette chaffe, & bravent l'animal jufques dans fon antre, quoiqu'il foit très-dangereux de ne les bleffer que légérement.

Les Hifards n'habitent ordinairement que la çime des plus hautes Montagnes, & ils cherchent avec foin les lieux les plus inacceffibles à tous leurs ennemis : leur extrême agilité leur en donne les moyens : ils franchiffent, d'un faut, de très-grands efpaces d'un rocher à l'autre : on affure même que s'ils font pourfuivis & preffés, ils fe précipitent de plus de cent pieds de hauteur ; ils tombent fur leurs cornes qui font recourbées en arriere, & leur crâne foutient cet effort. On voit que la chaffe

de ces animaux doit être fort difficile : ils font d'ailleurs très-
rufés, & ils éventent finement dès qu'ils apperçoivent quelque
objet qui les inquiete ; l'un d'eux fait un cri qui imite un coup
de fifflet, & dès l'inftant la troupe difparoît. Cependant vers le
printemps on en prend avec des pieges, quand on connoît leurs
paffages. Pendant l'hiver, lorfque tout eft couvert de neige , ils
fe réfugient au pied des rochers , où la mouffe & quelques
écorces d'arbres font toute leur nourriture. Le befoin de fe
refaire les attire enfuite vers les prairies , ou du moins vers les
gorges les plus élevées , & les rend moins précautionnés. Une
heure après que le jeune Hifar eft né , il eft en état de fuivre fa
mere & d'éviter la pourfuite du chaffeur. Les femelles font à
peu près de la taille des chêvres ; mais les vieux mâles font plus
gros que les boucs ordinaires : ceux-là ne fe tiennent en hordes
que pendant l'hiver ; pendant l'été, ils fe choififfent de bons
pâturages, & ils chaffent du canton qu'ils ont adopté, tous ceux
de leur efpece qui voudroient en approcher.

(1) Les Pyrénées fervent de repaire à un grand nombre
d'efpeces d'oifeau de proie. On y voit des Aigles, des Vautours,
des Milans, &c. Sur les Montagnes les plus élevées, on trouve
des Gélinotes , des Coqs de buryere , des Dindons fauvages ,
une efpece de Faifans gris , & des Perdrix blanches. Mais tout

---

(1) Le Renard n'habite pas les montagnes comme les autres animaux ; il fe tient à mi-
côte dans les vallées ; on n'en voit point dans les grandes forêts , parce qu'il y périroit de
faim. Il y a des Martres dont la fourrure eft affez belle : quelques chaffeurs en prennent
dans les forêts, & pour cela ils forment, avec des branchages, de petits fentiers que l'animal
fuit volontiers , &, de diftance en diftance, ils placent des affommoirs. On trouve auffi
quelques Hermines en petite quantité ; il y a des Petits Gris dont la fourrure eft affez belle :
cet animal eft de la groffeur d'un rat , a la queue comme celle de l'écureuil , & en a tous
les geftes. Quant aux Écureuils , les forêts de fapins en font garnies, lorfqu'il fe fuccede
deux ou trois hivers tempérés , car le long féjour de la neige les faît périr ; leur chair eft
affez bonne ; on les mange volontiers , & on en vend auffi la fourrure.

ce gibier fe nourriffant en grande partie des fommités des branches du fapin , a prefque toujours un goût de térébenthine
défagréable. La Perdrix blanche fe plaît fur les lieux les plus
élevés ; elle eft de la groffeur de nos Perdix rouges ; fes pattes
font velues, & ont quelque reffemblance avec celles du Lapin.
Aux approches de l'hiver , ces Perdrix fe raffemblent ; elles
s'attroupent véritablement lorfqu'il commence à neiger, & elles
paffent l'hiver fous la neige, où elles gratent pour fe frayer des
routes, & découvrir les herbes , les racines , la mouffe dont
elles fe nourriffent.

Ces Montagnes ont quelques oifeaux qui leur font particuliers, comme les Corneilles à pattes & à bec aurore ; le Pique-
bois noirs, un très - petit oifeau dont les aîles font d'un beau
rouge ; il ne vit que d'arraignées qu'il prend dans les rochers ;
enfin le *Merle d'eau* , qu'on nomme ainfi, à caufe de fon chant
& de fa couleur , & qui vit le long des torrens ; mais elles
font privées des efpeces qui habitent les plaines , lefquelles
en font écartées par la rigueur du froid : on n'y voit prefque
point non plus d'animaux vénimeux , parce que la neige qui
y couvre fi long-temps la terre les empêcheroit d'y fubfifter.
Il y a des Viperes , un autre Serpent fort rare dont la peau eft
couleur de feu , & une efpece de Léfard verd , de forme très-
applatie , dont la marche eft fi lente qu'à peine il fe remue : fa
mourfure eft dangereufe, & il ne quitte jamais prife.

J'ai dit que les Pyrénées formoient une chaîne continue fur
la même ligne ; mais quoique continue, cette chaîne n'eft pas
également élevée par-tout. On appelle vallées les parties les
moins hautes, & les vallées font habitées & cultivées avec foin :
elles font pour la plupart d'un afpect très-riant, & l'air pur qu'on
y refpire, fert fans doute à y retenir des habitans. Cependant le
fol, en général, n'eft pas fertile : comme il n'eft compofé que

des débris des Montagnes les plus élevées, les pierres y abon-
dent, & la terre y manque fouvent. D'ailleurs le temps y eft
fujet à de grandes variations. Dans l'été on y voit fouvent plufieurs orages par jour, & ces orages, quoiqu'affez courts,
produifent de grandes inondations par la hauteur des Montagnes, du fommet defquelles les eaux fe précipitent ; ce qui
les rend encore plus funeftes aux moiffons, c'eft l'air froid qui les
accompagne ou qui leur fuccede : comme il paffe par deffus
des cimes éternellement couvertes de neige, il en réfulte des
grêles fréquentes dont les ravages font à craindre, ou du moins
un refroidiffement qui retarde beaucoup la maturité des récoltes:
elles s'y font toujours beaucoup plus tard que dans les plaines,
& même il y a certains fruits qui n'y mûriffent jamais.

La richeffe des habitans confifte principalement en pâturages,
& cette reffource les y a multipliés beaucoup au delà de ce
que les terres cultivées pourroient en nourrir. On eft quelquefois furpris de voir à l'extrêmité de certaines gorges, de grands
Villages très-peuplés, où l'on n'arrive que par des fentiers
bordés de précipices. Plufieurs de ces habitations font couvertes
de neige pendant fix mois de l'année. Cependant toute parcelle
de terre pouvant produire, y eft cultivée. Quelques cultivateurs
même en reportent tous les ans fur des parties qu'ils ont défri-
chées entre les rochers, comme cela arrive aux Suiffes dans les
Alpes. C'eft là qu'il faut aller pour jouir de la vue des plus
beaux Payfages qui foient au monde : tout y eft varié à l'infini ;
des terres cultivées, des bois, des prairies, tout cela couronné
par des rochers qui fe perdent dans les nues, ou environné de
précipices, forme un mêlange d'agréable & de terrible, qui
met l'ame dans une fituation qu'elle ne peut éprouver ailleurs.

L'abondance des pâturages, & la difette des terres culti-
vables, forcent prefque tous les habitans à devenir pafteurs. C'eft

un état toujours ennuyeux, & souvent pénible : ils v'vent seuls une bonne partie de l'année. Dès les premiers jours de Mai, lorsque la neige étant fondue laisse à découvert une partie des Montagnes, ils y gravissent avec leurs troupeaux, & se partagent les cantons de pâturages. Là, chacun se bâtit une cabane de quatre à cinq pieds de haut, qu'il couvre d'écorces d'arbres : voilà leur palais pour tout l'été ; leur occupation est de promener leur troupeau, de le tenir ensemble, de le défendre des loups & des ours, & de contempler le soleil, qui les brûle souvent : quelques-uns emploient aussi le temps à tricoter. Le matin & le soir ils tirent le lait de leurs brebis pour en faire des fromages, qu'ils font cuire dans leurs cabanes. Leurs femmes & leurs enfans viennent les visiter tous les huit jours, pour leur apporter des vivres, & remporter leurs fromages. Pour eux, ils ne vont aux Villages que tous les quinze jours pour entendre la Messe ; parce que la moitié des pasteurs, ou leurs enfans, reste à la garde des troupeaux pendant l'absence des autres. Ils ont le plus grand soin d'écarter les étrangers, ou leurs voisins, des cantons qu'ils occupent. Quoiqu'entre les deux Royaumes les limites des pâturages soient fixées par des actes, & marquées par des bornes, il reste toujours quelques parties indéterminées, lesquelles chaque année donnent matiere à des débats, souvent funestes à l'un des deux partis.

Ces pasteurs habitent les hautes Montagnes jusqu'à la fin de Septembre ; alors les brouillards les obligent à descendre, & ils vont hiverner dans les plaines : ils se placent, autant qu'ils peuvent, à portée de quelque Ville, pour y vendre leur lait & leurs agneaux. La plupart se répandent dans les Landes de Bordeaux, qu'ils ne quittent qu'à la fin d'Avril. Beaucoup d'animaux carnassiers, tels que les Loups, les Aigles, les Vautours, accoutumés à vivre aux dépens des troupeaux, les suivent fort réguliérement. Les Lievres font la même chofe, parce qu'ils vivent avec eux, & les chaffeurs favent épier le temps où ils montent ou defcendent. Les hommes étant continuellement occupés du foin de leurs troupeaux, ce font les femmes qui cultivent la terre; les travaux actifs leur font réfervés. On les voit labourer, porter fur leurs têtes, en graviffant, le fumier néceffaire; nettoyer leur champ, foit en farclant, foit en s'attelant elles-mêmes à des herfes: fouvent même elles binent le froment pied à pied; enfin, elles font dans une activité pénible & continuelle pour fe procurer des récoltes médiocres & infuffifantes. Les terres rapportent tous les ans: on y feme alternativement du froment & du maïs; cette derniere plante épuife beaucoup la terre; on ne pourroit la réparer que par des engrais abondans. Mais le féjour des troupeaux loin du domicile les rend très-rares. Les habitans de ces lieux ftériles fuppléent à ce qui leur manque pour leur nourriture, par la vente de leurs fromages, de leurs laines, de leurs agneaux, & quelquefois cette reffource eft encore infuffifante. (1) Les Vallées où les pâturages font abondans, nourriffent de très-bons chevaux que toute la France connoît, & une grande quantité de vaches. Les habitans en font beaucoup plus aifés que ceux des autres Vallées.

En général, ces habitans font fpirituels & induftrieux; ils fabriquent eux-mêmes tous les inftrumens dont ils ont befoin. S'ils veulent bâtir, chacun fait conftruire le four où il fait cuire fa chaux, & on remarque dans cette conftruction, toutes les attentions d'où peut réfulter la meilleure qualité & le moindre prix.

La Vallée d'Afpe, à laquelle viennent aboutir les chemins

---

(1) On eftime dans le pays que chaque Brebis rapporte 6 livres de revenu par année, y compris tous les faux-frais de l'hiver pour affermer des pâturages.

des forêts d'Iſſaux & du Paɛt, eſt d'un aſpeɛt très-agréable : ſa forme eſt preſque ronde, & elle peut avoir une demi-lieue de diametre : elle eſt traverſée dans ſon milieu par le *Gave*, ou torrent, ſur lequel eſt établi le Port où l'on commence à faire flotter la mâture : ſept Villages placés à diſtances égales bordent ſa circonférence, & c'eſt une grande population pour auſſi peu de ſuperficie : elle eſt auſſi traverſée par la grande route qui doit conduire à Saragoſſe, mais qui n'eſt continuée que juſqu'au village d'Urdos, le dernier appartenant à la France, & qui, quoique diſtant de deux lieues de la Vallée, eſt entourée de Montagnes très-élevées, & tellement reſſerrées aux gorges qui en font l'entrée, que, placé dans le milieu, on n'y apperçoit aucune des deux iſſues, quoiqu'il ait fallu faire de grands eſcarpemens pour leur donner une largeur ſuffiſante. On croiroit, dans un lieu fermé de cette maniere, être du moins à l'abri de l'inſulte des vents : cependant il en ſouffle de très-violens. Au mois de Décembre 1768, un de ces ouragans renverſa au Port d'Atas, un grand Hangard deſtiné à mettre les Mâts à l'abri. Ce bâtiment avoit deux cens pieds de long ſur quarante de large ; il étoit conſtruit en bois ; le vent le ſouleva en entier à pluſieurs repriſes, de maniere que les poteaux briſerent toutes les dales de pierre ſur leſquelles ils portoient : les tenons furent briſés auſſi, & dans la chûte du hangard, les fermes furent couchées les unes ſur les autres, moitié du même ſens, & l'autre en ſens contraire. Ce même hangard fut reconſtruit avec encore plus de ſoins, & pareil événement arriva en Septembre 1772. Ces ouragans font quelquefois de grands ravages dans les forêts. J'en ai vu des quartiers entiers dont tous les arbres étoient briſés, renverſés, & couchés les uns ſur les autres. La direɛtion de ces grands courants d'air eſt toujours alignée ſur l'ouverture des gorges.

A

A l'entrée de cette Vallée, près le village d'Efcot; on lit une Infcription latine gravée à douze pieds au deffus du niveau du chemin, fur un rocher, fous lequel il a fallu creufer pour élargir la route. Cette Infcription a été confervée lors des travaux, & je la rapporte ici telle qu'elle exifte maintenant.

L. VAL VERNUS CER
II VIR BIS HANC
VIAM RESTITVIT
LAMIIIΛIV
AMICVS

C

S

La tradition du Pays eft que les Romains ont traverfé cette Vallée pour aller en Efpagne : l'Infcription dit qu'ils en ont fait réparer le chemin. Cependant il n'y a pas d'apparence qu'ils s'en foient fervi pour de grandes expéditions, ni des tranfports confidérables. Cette partie étoit la moins pratiquable des Pyrénées, & le paffage en eft encore affreux, malgré les grands travaux qu'on y a faits depuis quatorze ans. La communication avec l'Efpagne a toujours dû être, & eft encore difficile & dangereufe par le haut des montagnes : il n'y a qu'un fentier fort étroit & fouvent bordé de précipices.

(1) Les Habitans des Vallées de la Province du Béarn, ont des droits qui leur ont été accordés par les Rois de Na-

---

(1) C'eft par ces mêmes gorges que fe font tous les ans les émigrations d'une grande quantité de différentes efpeces d'oifeaux qui changent de climat, tels que les Palombes ou Pigeons ramiers, dont on fait des chaffes confidérables avec de grands filets placés

varre , & confervés lorfque cette Province a été réunie à la Couronne de France. Les principaux font le privilege de fe garder eux-mêmes , & la propriété des montagnes & des forêts qui les couvrent. Dans l'exploitation que le Roi en fait , il leur paie un écu pour chaque mât de premiere proportion , & vingt fols par billon deftiné à être débité en bordage , & ainfi de fuite , fuivant l'importance & l'utilité des pieces.

Il eft difficile de parcourir long-temps les montagnes des Pyrénées , & de les décrire , fans s'occuper un peu de la formation de ces maffes énormes : eft-elle de même date que la formation même de la terre , ou bien eft-ce l'ouvrage de quelques révolutions fubféquentes? Ce font de grandes queftions fur lefquelles il n'eft pas facile de fe décider. L'Obfervateur , jetté quelquefois d'un côté par un grand nombre de faits , fe trouve ramené de l'autre , par des faits contradictoires , & l'incertitude

---

à l'extrémité de certaines gorges , au pied des montagnes , du côté de la Plaine où les oifeaux paffent d'habitude. On en fait de même pour les Briets ou Pigeons fauvages. Je ne dirai rien de cette chaffe que l'on connoît affez : elle commence ordinairement après la Saint Michel , & c'eft au 15 Octobre qu'elle eft dans fon beau : rien de fi agréable que d'en voir prendre fouvent plus de trois cens d'un feul coup de filet ; on la fait encore au fufil , dans le milieu d'un champ fermé , dans une cabanne de branchages , par le moyen des appeaux que l'on fait voltiger avec une corde : on prend auffi des tourterelles dans les Plaines avec des appeaux & des filets , comme pour la chaffe des allouettes au miroir. Il eft fingulier de voir combien il y a de différentes efpeces d'oifeaux qui paffent en automne & au printemps. De ce nombre font les Grues , les Cicognes , de grands Hérons blancs , les Cailles , les Grives , les Allouettes , les Coucoux , les Vanneaux , les Muriers , les Hirondelles , les Gorges-rouges & d'autres petits oifeaux inconnus , même dans le centre du Royaume. Il y a auffi une efpece de Perdrix grife que l'on ne voit qu'aux paffages & dans les mauvais temps : il y a certains jours de bruine , où le fommet des hautes montagnes eft caché , tous les oifeaux , ne voyant pas d'iffue , reftent dans les Vallées ; ce qui procure des momens de chaffe agréables ; mais fouvent l'on eft furpris de ne plus rien trouver une heure après , fi le temps vient à s'éclaircir promptement. Quelquefois , dans les belles foirées d'automne , on entend arriver les Cailles , & pour lors elles ne féjournent qu'un moment.

devient le terme des recherches multipliées. Quant à la poſition de ces montagnes, j'ai dit que depuis leur centre juſqu'à Fontarabie, toutes les branches qui forment les vallées ſont dirigées ſur le même air de vent. Depuis ce même centre, où eſt le point le plus élevé, juſqu'à Perpignan qui eſt à l'autre extrémité, ces branches ſont encore paralleles entr'elles, mais ſous un air de vent différent : à l'égard de ce qui compoſe le corps même des montagnes, il y a de grandes variétés ; les montagnes les plus élevées, les pics ſont en général formés ſur le ſommet par couches horizontales ; dans quelques autres, les couches ſont verticales depuis le haut juſqu'en bas, & c'eſt le plus grand nombre. Dans preſque toutes les vallées, s'élevent des monticules iſolées, de deux ou trois cens pieds de haut, dont le corps n'eſt compoſé que de débris & de gros blocs de pierre poſés ſans ordre les unes ſur les autres, & dont pluſieurs ſont arrondis. Il y a des ſommets de montagnes très-élevés, compoſés des mêmes pierres arrondies.

Le fond de preſque toutes les vallées, & le pied des montagnes ſont garnis d'une eſpece de vaſe noire ou griſe, laquelle s'eſt pétrifiée, & dont on fait uſage pour marner les terres. Cette ſubſtance ſe trouve par bancs horizontaux de ſix à huit pouces d'épaiſſeur. L'intervalle de chaque lit eſt de deux ou trois pouces, & ſouvent rempli de ſable. Dans quelques vallées, on n'apperçoit ces couches qu'à une plus grande profondeur, parce qu'elles ont été recouvertes par les débris des terres de la montagne qui hauſſent continuellement le ſol. On peut aſſurer que les Curieux de la Nature trouveroient dans les Pyrenées une ample matiere d'obſervations de différens genres & de conjectures ; car où l'on ne trouve pas des lumieres aſſurées, on eſt réduit à conjecturer. Mais il eſt temps de paſſer à des choſes plus poſitives qui ſont le véritable objet de cet Ouvrage. C ij

CHAPITRE PREMIER.

De la qualité des Sapins.

LES mâts qu'on exploite dans les Pyrenées, ne font pas de même efpece que ceux qu'on tire du Nord : ceux-ci font des Pins , les autres des fapins ; ainfi leurs qualités doivent être différentes ; la couleur , le grain ou les fibres , & la feve n'en font pas les mêmes. Cependant , lorfque les Sapins fe trouvent de bonne qualité , de fraîche coupe & d'un grain ferré , la différence n'eft pas confidérable pour l'ufage.

Ce qui rend les Pins du Nord plus également bons , c'eft qu'ils croiffent ou dans des plaines , ou fur des montagnes peu élevées. Il doit y avoir , au contraire , une affez grande inégalité dans les Pyrénées , parce que la grande élévation des montagnes, produit plufieurs caufes qui ont la plus grande influence fur la qualité des Bois. Les principales de ces caufes , font la nature du fol , l'épaiffeur de l'*humus* & fon expofition : or , tout cela varie à l'infini dans les montagnes auffi. hautes que les Pyrénées ; la nature du fol y change à chaque pas , à mefure qu'on s'éleve ; l'*humus* a moins d'épaiffeur , & il en perd chaque jour par le travail continuel des eaux qui charient des débris dans les parties plus baffes. Le Sapin ne répare pas , comme les autres bois , par la chûte de fes feuilles , ce qu'il enleve à la terre , parce qu'elles font petites , & tombent peu. Les expofitions , foit aux courans d'air., foit au foleil , y varient auffi à l'infini. Il y a des quartiers qui jouiffent du foleil , prefque toute la journée, qui font à l'abri des vents , & fur un bon fol ; d'autres font privés , à différens degrés , de chacun de ces avantages, & il en réfulte plus ou moins de qualité dans les bois, fuivant ces différentes combinaifons.

Les Sapins appartiennent finguliérement aux Pays froids, ou bien aux montagnes élevées où l'air eft plus raréfié que dans les plaines; cela s'obferve très-bien dans les Pyrénées. Ces monts, qui forment une chaîne continue depuis Fontarabie jufqu'à Perpignan, font moins élevés à leur extrémité, qu'à leur centre : auffi les Sapins fe trouvent-ils au centre où l'air eft plus froid ou plus rare. On n'en voit pas aux extrémités; s'il s'en trouve dans quelques lieux qui ne paroiffent pas d'une fi grande élévation, parce qu'ils font dominés par des cimes encore plus hautes, c'eft dans des gorges refferrées, où l'air circule toujours avec force & fe raréfie', & où la compreffion lui donne la fraîcheur, dont les Sapins ont befoin pour s'élever à un certain degré. Tous ceux qui, dans une forêt, font expofés au Nord, font de meilleure qualité que les autres, à égalité de fol. Dans le Nord, l'air froid circule d'une maniere plus uniforme autour de l'arbre; il le comprime prefque également de tous les côtés; il s'oppofe à l'accroiffement des branches, lequel exténue le corps de l'arbre, & prend fur la fubftance qui doit nourrir le tronc. Dans les Pyrénées, il arrive affez fouvent que le côté de l'arbre expofé au Nord, a des qualités fupérieures au côté expofé au Sud. Celui-ci fe trouve garni de branches qui amaigriffent le tronc; de maniere qu'il n'eft pas rare de voir, ce qu'on appelle le cœur de l'arbre, placé au tiers de fon diametre, au lieu de l'être au milieu. Ce qu'on appelle l'aubier qui recouvre le cœur, fe trouve beaucoup plus épais du côté du Nord; les fibres y font plus onctueufes, mieux nourries, & tout y eft de meilleure qualité, parce que la fubftance deftinée à nourrir l'arbre, ne s'eft point échappée de ce côté-là. Mais, à quelque expofition que ce foit, ce n'eft point aux lifieres qu'il faut chercher les arbres de bon fervice : ils y font tords & branchus d'un côté , & par-là ils s'élevent & filent moins que les autres. Le Sapin , quoiqu'ami des pays froids , eft cependant fujet , autant qu'un autre, à être gâté par la gelée: cela arrive fur-tout à ceux qui bordent les ravins qui commencent au haut des montagnes. L'impreffion de la gelée fe marque par de longues ouvertures à l'écorce , lefquelles pénétrent plus ou moins dans le bois , & elles rendent les arbres abfolument inutiles pour le fervice.

C'eft fur le fol d'une qualité médiocre , & parmi les rochers ; qu'il faut chercher les bons Sapins. L'élafticité leur eft néceffaire pour être employés comme mâts , & c'eft par cette qualité que fe diftinguent ceux des Pyrénées. Le fol eft maigre dans la plupart des lieux où ils croiffent ; le grain du bois eft fin & ferré , les fibres font déliées , elles s'appuient aifément les unes fur les autres, elles s'allongent & fe raccourcifent fuivant les inflexions de l'arbre : auffi ces mâts ont-ils réfifté à toutes les épreuves , lorfque le bois a été bien choifi & qu'il n'étoit point fec au point de n'avoir plus de liaifon. Il faut convenir que ce defféchement arrive plus promptement aux Sapins qu'aux Pins qui nous viennent du Nord ; la feve de ceux-ci eft plus réfineufe , plus épaiffe , & s'évapore moins facilement : auffi , pour tirer parti des Sapins des Pyrénées , il faut des précautions dont les Pins du Nord n'auroient pas befoin. Il eft néceffaire de les faire parvenir aux Ports , fraichement coupés , de les garantir du foleil pendant l'été ; de les tenir dans les Ports , foigneufement couverts de l'eau de la mer , dont les fels les pénetrent & les couvrent ; enfin , de les garantir du prompt defféchement auquel les expofe le peu de confiftance de leur feve.

La forme & l'élévation des Sapins , ne font pas les feules , ni peut-être les principales qualités qui les rendent propres à la mâture. Il est sur tout nécessaire que le grain du bois soit serré ; que le cœur des arbres, soit sans taches rousses, lesquelles se trouvent dans ceux qui sont échauffés ; qu'ils soient filés sans beaucoup de nœuds ni de branches ; que les fibres de la superficie soient liantes, au point qu'en les tirant par fils très-déliés, on puisse les tordre dans les doigts sans les rompre ; rien ne prouve mieux la fraîcheur & l'élasticité : il faut encore que la seve ne sente presque rien : à peine doit-on lui trouver une légere odeur de térébenthine dans un arbre fraîchement coupé. Ce n'est que dans les nœuds, à l'extrêmité des branches, & dans certaines tumeurs où la seve s'extravase & s'arrête qu'on trouve la térébenthine dans toute sa force. Dans un arbre sain, la seve ne paroît qu'une eau claire & âcre qui n'a presque point d'odeur. L'odeur aigre & désagréable, indique souvent un arbre vicié & sur le retour ; l'habitude de voir fait juger, ou du moins présumer, de la bonne ou mauvaise qualité des Sapins, d'une maniere assez prompte & au premier coup d'œil. Ceux qui sont vigoureux, sont d'un verd foncé, les bouquets de leur cime sont fourrés & bien garnis : ceux qui sont viciés, ou sur le retour, sont d'un verd plus pâle, tirant un peu sur le gris, quelquefois sur le roux, & souvent la mousse croît en abondance à l'extrêmité des branches ; la cime est moins garnie de petites branches ou bouquets ; l'écorce est encore une indication sur laquelle on peut compter : celle qui est blanche, lisse, fine, unie, marque un arbre dans toute sa force. Lorsqu'elle est rude & épaisse, qu'elle s'éleve par grandes écailles, oblongues, & d'une couleur brune, on peut être assuré qu'elle appartient à un arbre sur le retour.

Il n'est pas aisé de connoître d'une maniere certaine & précise l'âge des Sapins. Quoique le bois en soit tendre, il est

long-temps à croître , fans doute , parce qu'il fe plaît principalement dans des pays froids & fur un fol aride. Si l'on peut
juger de l'âge des Sapins , par les fibres circulaires dont leur
tiffu eft compofé , il y en a auxquels il faudroit donner une
grande antiquité , quoiqu'ils ne paroiffent pas encore fur le
retour. On en compte quelquefois jufqu'à huit cens; mais peut-
être que ces lignes circulaires qui indiquent ordinairement les
années d'un arbre , fe marquent , dans les Sapins , à chacune
des deux feves de l'année.

Lorfque les Sapins ont été bien choifis & coupés en bon état ;
ce qu'il y auroit de plus effentiel pour les rendre d'un bon ufage ,
ce feroit de les préferver de la prompte évaporation de leur
feve à laquelle ils font très-fujets : il n'eft point d'arbre qui fe
defféche auffi vîte. Un pied cube de ce bois , pris dans le milieu d'un arbre vigoureux & fraîchement coupé , pefe depuis
foixante-deux jufqu'à foixante & quatre livres : le même morceau de bois , expofé à l'air pendant un an , ne pefe plus que
de trente-fix à trente-huit livres : le même pied cube , pris au-
près de la fouche , pefe jufqu'à quatre-vingt-quatre livres , &
fe réduit en un an à quarante-fix livres : la réduction du poids
des autres bois , par le defféchement , n'eft guere que d'un
quart. Pour s'oppofer à l'évaporation de la térébenthine légere
qui forme la feve du Sapin , & dont la confervation entre-
tiendroit la foupleffe & la force de fes fibres , je crois qu'il
feroit néceffaire de faire entrer les huiles en plus grande quantité , dans les enduits qu'on leur fait. Le brai & le goudron
ne font ni affez onctueux , ni affez pénétrans : il eft vraifemblable auffi que fi l'on appliquoit les enduits bien chauds , ils
pénétreroient plus avant & rempliroient mieux leur deftina-
tion , qui eft de conferver le bois. Quand je dis qu'il faudroit
préferver le Sapin de l'évaporation d'une partie de fa feve , je

ne

ne prétends pas qu'il fallût l'enduire & l'employer fans l'avoir fait fécher jufqu'à un certain point. Il faut au contraire qu'il foit purgé, d'abord d'une partie de fa propre feve, enfuite de l'eau des foffés, où on le met en dépôt, qui en pénetre tout l'extérieur ; fans cela, le meilleur enduit ne pénétreroit pas, l'arbre s'échaufferoit, & une telle meche, recouverte de ju- melles, pourriroit bientôt. Pour apprendre à juger du point de defféchement convenable, fi l'on obferve les changemens qui arrivent dans un mât coupé depuis fix mois, on verra que le bois commence à blanchir près de la fuperficie, & fucceffive- ment en approchant du centre, à mefure que la feve s'évapore : lorfque cette couleur devient à peu-près uniforme jufqu'au cœur, on peut être affuré de la bonté du bois.

Le féjour que les mâts des Pyrénées font dans les foffés à l'entrepôt de Bayonne, leur fait beaucoup de tort, par plufieurs raifons ; l'eau des foffés n'eft pas renouvellée affez fouvent, & quelquefois les mâts y reftent à découvert : de plus, on les embarque lorfqu'ils font encore pleins de cette eau, & dans cet état, la chaleur de la cale les fait fermenter. Ceux fur-tout qu'on porte à Toulon, ne peuvent y arriver que confidéra- blement échauffés, parce que la traverfée eft fouvent de quel- ques mois : cela n'arriveroit pas, s'il étoit poffible de les laif- fer fe purger fuffifamment avant de les embarquer. En tout, les mâts des Pyrénées demandent à être traités avec beaucoup plus de précautions que ceux du Nord, parce que la qualité des bois eft naturellement inférieure ; mais avec ces précau- tions prifes régulierément, on les mettroit prefque de niveau pour le fervice que l'État peut en tirer dans les Arfenaux, pour meches, jumelles, beauprès, &c. faifant même abftraction de mâture ; ils peuvent encore fuppléer aux bois du Nord, pour les aiguilles de carêne, les poutres, pour tout efpece d'échaffau-

D

dages ; matereaux , bordages , planches ; efpars ; &c. L'État
pourra toujours fe procurer cet approvifionnement en tout
temps avec la précaution d'ouvrir d'avance les chemins , & de
rendre les rivieres navigables : ce qui fait que l'on doit regarder
les forêts des Pyrénées , comme des reffources qu'il eft important de conferver , en empêchant les dégradations journa-
lieres des gens du Pays.

La forêt d'Iffaux , dont j'ai parlé jufqu'ici , eft celle qui a
fourni de la grande mâture , jufqu'à la fin de l'année 1773. Il y
en a une autre fituée dans la Vallée d'Offau , à quatre lieues du
Port d'Atas , où l'on a exploité de la petite mâture , comme ma-
teraux , épars doubles & fimples , manches de gaffes , &c.
Cette Forêt s'appelle le *Benou* ; elle eft une efpece de phé-
nomene , parce que tout le bois qui la compofe paroît avoir
repouffé fur d'anciens troncs , ce qui ne fe voit nulle part
ailleurs. Les gens du Pays prétendent qu'elle a été exploitée
il y a plus de cent ans , & les arbres furent coupés à plus de
quatre pieds de hauteur , fuivant l'ufage du lieu. C'eft fur ces
troncs que ce font élevés des branches verticales , dont quelquefois on voit jufqu'à douze fur le même tronc. Ce font ces
branches que l'on a exploitées pour petite mâture. Il eft vraifemblable que cette maniere de couper , ne donneroit pas ailleurs une reproduction pareille ; mais le fol eft très-gras dans
la forêt de Benou. Les fibres du bois qui y croît , font beaucoup plus groffes , plus éloignées , plus garnies d'aubier dans
leurs infterftices que dans la forêt d'Iffaux , où les arbres coupés par le pied , mais plus proche de terre , ne repouffent
jamais.

L'exploitation de ces deux forêts , a été finie dans l'année
1773 ; on eft occupé maintenant à celle du Pact.

CHAPITRE II.

De la Coupe.

LE préjugé qui fixe la Coupe des Bois dans certains temps de la lune fubfifte encore, & il eſt même foutenu par des Ordonnances qui en font une obligation : il y en a d'anciennes qui indiquent la nouvelle lune pour les Sapins, & d'autres, le décours comme pour les autres bois. Il feroit inutile de combattre férieufement cette abfurdité : il fuffit de dire qu'après un grand nombre d'expériences, on n'a obfervé aucune différence entre des arbres coupés en décours & d'autres en croiffant, quand ils l'ont été dans la faifon convenable, & par un beau temps. C'eſt à l'approche de l'hiver, lorfque la feve eſt en repos, qu'il faut abbattre ; & dans les Pyrénées, où le vent du fud eſt très-chaud, il eſt effentiel que ce vent ne fouffle pas. Les Sapins alors, font fujets à être piqués de vers : ce n'eſt pas qu'il s'en trouve auffi parmi ceux qui ont été coupés par un autre temps ; mais cet accident eſt plus général pour ceux dont la coupe a été faite en temps chaud & par le vent du midi.

L'infecte qui attaque les Sapins, eſt encore imperceptible au moment où il y pénetre : il ne féjourne que dans l'aubier : fon épaiffeur décide de la profondeur des trous qu'il y fait, laquelle eſt d'environ deux pouces dans les plus gros arbres. Ce trou va en biaifant, en raifon de la pofition des fibres que l'animal évite de percer. Pendant le féjour qu'il fait dans cet aubier, il prend fon accroiffement, & vraifemblablement il y fubit une métamorphofe ; car il en fort & reparoît fous la forme d'un Charançon. La piquure de ces infectes dégrade ces arbres, quant au prix, parce qu'elle les rend fufpeȼts; mais fouvent elle ne leur ôte pas beaucoup de leur valeur réelle. La partie de l'aubier qui eſt piquée, s'enleve ordinairement lors de l'emploi, fur-tout ſi l'arbre eſt de vieille Coupe : mais encore une fois, c'eſt une erreur que d'attribuer ce petit inconvénient à l'influence de la lune : il eſt bien plus raiſonnable de le mettre, comme l'expérience le montre, fur le compte de la chaleur, qui tenant ouverts les pores de l'arbre, donne à ces petits infeȼtes le moyens d'y pénétrer ; ce qui arrive beaucoup moins fouvent dans les temps froids & fecs. Ce qui femble encore confirmer cette idée, c'eſt qu'ils fortent tous dans le même temps, preuve certaine qu'ils s'y font introduits dans un feul inſtant, & par la même occafion.

Le Sapin eſt fujet à être piqué par cet infeȼte plufieurs années après qu'il a été abbatu : lorfqu'il eſt employé avant que d'avoir été purgé d'une eau rouſſe dont il eſt chargé, lorfqu'il a été trempé dans l'eau, & qu'elle n'eſt pas fuffifamment évaporée, alors les piquures pénetrent jufqu'au cœur, & gâtent le bois entiérement. On fe garantit de cet accident, en n'employant ce bois que lorfqu'il eſt purgé de fa feve, & de l'eau dont il peut être imbu. Avec ces précautions, il fe conferve, à l'abri des injures de l'air, auffi long-temps que tous les autres bois.

On ne doit avoir nul égard à une autre forte de vers qui parcourt en différentes finuofités la fuperficie de l'aubier entre l'écorce & le bois. Ces vermoulures, de deux lignes de diametre, ne pénétrant que fort peu, ne font d'aucune conféquence.

Un infeȼte d'une autre efpece, pique le Sapin d'une maniere qui n'eſt pas plus dangereufe, mais qui peut paroître finguliere : cet animal eſt fait comme les groſſes Guêpes, qu'on nomme *Frélons*. A l'extrêmité de fa gaine, au lieu d'un aiguillon, il eſt armé d'une eſpece de tarriere , qui eſt logée dans un petit étui, d'environ ſix lignes de longueur : il choiſit toujours une partie tendre entre les fibres ; il s'y attache, ſe tient fort élevé ſur ſes pattes pour faire de plus grands efforts; en ſix minutes, il enfonce ſa tarriere de cinq lignes ; il fait enſuite de grands efforts pour la retirer, & dans ce moment, on peut le prendre avec la plus grande facilité. On ne ſait ſi l'objet de cette opération eſt de pomper de la ſeve de l'arbre, ou de dépoſer quelque œuf au fond du trou; mais il ne réſulte aucun inconvénient de la piquure.

On croit quelquefois piqués certains Arbres ſur leſquels on remarque des trous, de deux ou trois lignes de diametre , qui vont en ſerpentant, & ſont rebouchés d'une matiere noirâtre & gluante ; mais ce n'eſt qu'une ſurabondance de ſeve, qui s'eſt fait jour à travers les fibres du bois, & qui ſe manifeſte en dehors en forme de tumeurs : elles ſont fort chargées de térébenthine, & elles en répandent une forte odeur lorſqu'on les brûle ; mais cette maladie apparente eſt plutôt utile à la conſervation de l'arbre coupé, qu'elle ne nuit à ſon emploi.

On a eſſayé dans les Pyrénées de couper des Sapins en pleine ſeve, pour voir ce qu'il en réſulteroit ; mais cette ſeve en fermentation ſe diſſipe alors ſi promptement, & par ſon action propre, & par celle du ſoleil, qu'en peu de jours les arbres ſont deſſéchés, fendus, & que la plupart des fibres ſont rompues. C'eſt donc au mois d'Octobre qu'il convient principalement de couper; la nature approche alors de ſon repos, & la ſaiſon eſt ordinairement belle & ſeche : ce n'eſt pas qu'il ne fût plus avantageux à quelques égards d'attendre au mois de Mars, ou enfin pendant l'hiver, en s'approchant de la flottaiſon ; mais comme ce moment dépend de la fonte des neiges, qu'il précede quelquefois celui où on l'attend, & qu'il y a de grandes difficultés pour l'extraction & le tranfport des Mâts, depuis la forêt jufqu'à la riviere où on flotte ; que fouvent même l'abondance des neiges empêche de pénétrer dans la forêt avant le mois d'Avril , il eft néceffaire de prendre du temps d'avance pour être prêt à profiter de la fonte des neiges au moment où elle arrive.

Il ne fuffit pas de ne couper que des arbres fains & en bonne faifon , il faut encore multiplier les précautions pour les avoir dans leur entier , & pour les bien conferver.

C'eft pour remplir ce dernier objet , qu'on avoit conftruit au port d'Atas un grand Hangard , pour y préferver les Mâts d'un defféchement trop prompt & des injures de l'air ; fur-tout de mouiller & fecher fouvent , & pouvoir les garder d'une année fur l'autre , fi quelque inondation , ou toute autre caufe , mettoit la riviere hors d'état de flotter.

Mais les précautions à prendre doivent commencer avant le temps même de la Coupe. Tous les Sapins qui compofent une forêt , ne font pas propres à remplir le même objet. Il faut donc long-temps auparavant, marquer différemment les arbres, pour les différens fervices dans les quartiers deftinés à être abbatus. Cette attention eft fur-tout néceffaire à l'égard des Mâts pour les conferver en entier. Tout ces arbres étant fitués fur des terreins fouvent à pic, ou hériffés de pointes de rochers, pleins d'inégalités , & prefque toujours à portée de ravins profonds ; on ne les conferveroit pas fans beaucoup d'art & d'attention. C'eft fur-tout leur longueur qui les rend précieux ; la moindre élévation , la plus petite cavité peut les brifer, s'ils portent à faux, & dès-lors leur valeur eft anéantie, ou du moins confidé-rablement diminuée. Il faut donc diriger leur chûte fur un terrein convenable , fi on le peut, ou du moins fur d'autres arbres plus foibles , qu'ils entraînent avec eux, mais qui oppofent quelque réſiſtance à leur chûte, & diminuent le fraças inévitable qui en réſulteroit (1). On ſent ce que les différentes poſitions de ces arbres, leur prix, l'intérêt qu'on a de les conſerver, peuvent occaſionner de difficulté dans les moyens de les con‑ ſerver. Il eſt encore néceſſaire de ne jamais perdre de vue les précautions à prendre pour les faire tomber, autant qu'il eſt poſſible, dans un lieu d'où il ſoit facile de les tirer, de les virer pour les ébranler & de les écorcer, enfin de les faire gliſſer pour les rendre ſur les chemins. Il faut abſolument raſſembler & combiner tous ces différens objets d'attention pour avoir de beaux Mâts, & les avoir au meilleur prix poſſible. Les autres pieces de bois, telles que les Billons de ſervice pour les Ports, ou ceux qui ſont deſtinés à être débités en bordages ou en planches, demandent auſſi quelques attentions particulieres ; mais elles ne ſont pas à comparer à celles qu'on doit aux Mâts, ſur-tout à ceux de premiere grandeur.

Dès que les arbres ſont coupés, on travaille à les ébrancher: on n'a preſque jamais le temps de faire cette opération, ſur tout ce qu'on a abattu avant la chûte des neiges, qui chaſſent de la forêt au commencement de Décembre ; mais les arbres qu'on y laiſſe paſſer l'hiver, revêtus de leurs écorces & envi‑ ronnés de la neige, ſont beaucoup moins piqués des inſectes dont j'ai parlé, & ſe conſervent beaucoup plus frais que ceux qui ont été tranſportés au Port d'Atas, où ils ſont cependant à l'abri, mais après avoir été pelés. On croiroit, d'après cela, qu'il n'y a qu'à tranſporter le bois ſans le peler ; mais il l'eſt néceſſairement dans l'extraction même, par les différentes gliſſades qu'on eſt obligé de lui faire faire. On a eſſayé de les

---

(1) On a ſouvent l'attention d'y faire monter des hommes pour y attacher un cordage, afin de diriger la chûte, la prévenir, ou empêcher l'arbre de ſe précipiter.

gaudronner dans la forêt même ; mais outre qu'il faut un certain degré de defféchement pour que le gaudron pénetre, cet enduit réfifte encore moins que l'écorce aux frottemens indifpenfables dans l'extraction. On a reconnu qu'il étoit inutile d'enduire de gaudron les Mâts même arrivés au Port d'Atas, parce qu'ils n'étoient pas encore affez fecs pour recevoir cet enduit, qui d'ailleurs n'eft pas affez pénétrant pour remplir l'objet qui eft indiqué.

Ces Mâts qui font reftés dans la forêt fans être ébranchés ni écorcés, ont, lors de la flottaifon, une pefanteur fpécifique, beaucoup plus grande que ceux qui, coupés dans le même temps, ont été écorcés & portés tout de fuite aux Ports. Ceux-ci ne calent tout au plus que de deux cinquiemes : les autres plongent au moins des deux tiers, & font dans le cas d'arriver plus frais dans les Ports où on les defire tels.

On fait dans le courant de l'année, différentes Coupes pour entretenir le Moulin à fcie de Billons, ou pour fournir aux Scieurs qui travaillent dans la forêt. Ce bois étant deftiné à être débité, il n'exige pas les mêmes précautions pour le choix de la faifon : cela influe peu fur la qualité des Bordages & des Planches ; il fuffit de ne pas couper dans le fort de la feve. Comme alors on abat indiftinctement tous les arbres qui ne font point propres à fervir de Mâts, les Coupes fe font fort vîte, & fans grandes précautions ; mais on ne fauroit trop les multiplier pour la Coupe des Mâts, dont la confervation eft précieufe. Tous les jours où l'on abat, un Officier eft à la tête des Ouvriers, pour qu'on ne manque à aucune des manœuvres néceffaires. Le Maître Mâteur, les Contre-Maîtres, & quelques Ouvriers de choix font diftribués aux différens Atteliers pour diriger la chûte des arbres, & fauver les accidens. Il eft même néceffaire de n'employer que des Bucherons expérimentés,

&

& l'on ne peut pas prendre indifféremment tous les ouvriers qui fe préfentent. Ce moment de la Coupe feroit affez curieux pour des étrangers, fur-tout lorfque le temps eſt ſerein. Le bruit des arbres tombans, les répétitions multipliées des échos, joints aux cris de joie des ouvriers, forment un enfemble, un tapage impofant, qu'il n'eſt pas facile d'entendre ailleurs : il écarte ordinairement affez loin les bêtes fauves & carnaffieres qui habitent la forêt.

CHAPITRE III.

Des Chemins.

On doit à l'invention de la poudre, la facilité de faire des escarpemens multipliés : sans ce moyen, il eût été impossible de pratiquer dans les Pyrénées, les chemins nécessaires pour l'extraction de la Mâture ; & même avec ce secours, on peut dire qu'il a encore fallu beaucoup d'art. La hardiesse de quelques-unes de ces entreprises, étonneroit peut-être ceux même qui connoissent les ressources que l'on trouve pour ces opérations dans les effets de la poudre.

Le premier chemin qui a été construit pour arriver au pied de la forêt d'Issaux, commence au port d'Atas, dans la vallée d'Aspe : c'est-là que se construisent les Radeaux pour flotter : de cet endroit, le chemin cotoyant presque toujours le bord d'un précipice, arrive au sommet d'un col élevé de 1786 pieds au dessus du Port, sur une longueur de 3806 toises. On a partagé les pentes de ce chemin le plus également qu'on a pu. Cependant on a été forcé de laisser quelques endroits à 13 pouces de pente par toise ; depuis le sommet du col, on descend un peu pour arriver au pied du Bois : mais on a eu bien des difficultés à vaincre pour parvenir jusques-là. En beaucoup d'endroits il a fallu faire des escarpemens de 5 pieds de hauteur dans le marbre ; dans quelques autres, on a été forcé de combler des précipices de plus de 100 pieds de profondeur, de construire des ponts en bois, sur des ravins aussi profonds, & de 100 pieds de largeur ; enfin, pour diminuer les pentes & raccorder les différentes parties de ce chemin, d'ouvrir de petits monticules, & d'avoir toujours présente la nécessité de contourner les différentes sinuoſités, de maniere que la pente fût ménagée ; que les alignemens ſi néceſſaires pour le tranſport des Mâts fuſſent conſervés, que les grands eſcarpemens fuſſent évités.

Après l'exploitation de tout ce qui étoit à portée de ce premier chemin, il fut queſtion d'aller chercher des arbres ſur le haut des montagnes : il falloit, ou faire gliſſer les arbres, à force de bras, juſqu'au chemin déja pratiqué, ou conſtruire de nouveaux chemins, au moyen deſquels les voitures puſſent aller charger au milieu de la coupe propoſée.

Le principal inconvénient du premier parti, étoit la difficulté de ne pouvoir conduire qu'une piece à la fois, & par conféquent qu'un très-petit nombre par journée, & à grand frais, dans un terrein de plus de 1800 toiſes de longueur, & rempli d'inégalités.

Le ſecond parti, auquel on donna la préférence, avoit l'avantage de fournir, en forçant de voitures, autant d'arbres qu'il en falloit pour entretenir le flottage, dont le temps eſt précieux. Malgré la dépenſe des chemins, le tranſport ſe trouvoit revenir à beaucoup meilleur marché, & on pouvoit en outre enlever commodément, & ſans frais, dans tous les quartiers où il y a des Hêtres, toutes les pieces néceſſaires à la conſtruction des Radeaux, comme Rames, Barrieres, &c.

On s'attacha ſur-tout à la commodité dans la conſtruction de ces chemins, qui ne doivent ſervir que pour le moment de l'exploitation. On obſerva d'abord de les faire parvenir juſqu'au haut des montagnes, de maniere que les voitures chargées puſſent deſcendre facilement juſqu'au pied de la forêt ; de ménager la naiſſance de chacun à quelque plateau naturel, ou du moins artificiel, de la placer au centre du quartier de l'exploitation ; d'obſerver ſcrupuleuſement les directions des contours qu'on eſt obligé de ſuivre, entre les rochers & les précipices, de maniere que les voitures chargées d'un mât de 100 pieds de long, puffent en tournant, éviter toutes fortes d'accidens. On fent qu'il a fallu pour cela, prendre les plus grandes précautions, les chemins bordant prefque toujours d'affreux précipices, & avec des pentes plus ou moins fortes, qu'on n'eft prefque jamais maître de rendre uniformes : l'impoffibilité de remédier à cet inconvénient, a forcé de laiffer en quelques endroits jufqu'à quatorze pouces de pente par toife.

Lorfque dans la direction de ces chemins il s'eft trouvé deux rochers féparés l'un de l'autre de 40 à 50 pieds par un précipice, au lieu de pratiquer un contours en efcarpant dans la pierre, on a pris le parti de jetter de grands arbres en longueur, d'une roche à l'autre, d'en pofer d'autres en travers fur les premiers, & d'établir le chemin par deffus.

S'il fe rencontre des vuides dans quelques parties de rocher, & qu'il y ait du folide plus bas, on les remplit par de gros murs à pierres feches, que l'on fonde même fur des arbres jettés en travers, & retenus par de gros piquets, ou arcboutés en deffous.

On eft quelquefois obligé de diriger un chemin le long d'un terrein à plomb, & d'y prendre même toute fa largeur. Il n'eft pas praticable alors de conner le talut aux terres qui ne font compofées que des débris de la cime des montagnes, mêlés de gros quartiers de pierre pofés de tous fens, & fans confiftance : on fait alors des encaiffemens avec des Hêtres de 6 à 8 pouces d'épaiffeur fur un pied de largeur, percés de 10 pouces en 10 pouces de trous de 4 pouces quarrés : on appelle ces pieces des *Cunges.*

Le talut s'établit par gradins jufqu'au niveau du chemin : la pente du terrein indique où l'on doit conftruire le premier gradin ; pour cela, on commence par pofer de niveau les femelles qui doivent en former la face ; on met au deſſus les cunges qui en forment la hauteur ; on les contient avec des pieux de buis ou de hêtre, de 4 pouces de diametre, frappés à la maſſe à ſix pieds de profondeur.

Sur les cunges on établit en travers, de 6 pieds en 6 pieds, d'autres pieces percées comme les premieres, & aſſujetties de même. On les nomme *frettes* ; leur longueur eſt déterminée par la largueur de l'encaiſſement. On donne ordinairement 3 pieds 6 pouces de hauteur à chaque gradin ; lorſque toutes les pieces ſont contenues par les piquets, on garnit le devant de l'ouvrage d'abord de gros quartiers de pierres, & enſuite de terres que l'on a ſoin de bien battre. Sur cette premiere arraſe on conſtruit un ſecond gradin, puis les autres ſucceſſivement juſqu'à ce qu'on ſoit arrivé au niveau du chemin, obſervant de leur donner à tous une retraite proportionnée à la hauteur de l'ouvrage. Voyez Planche Ire figures 1, 2, 3.

Ces chemins peuvent durer juſqu'à trois ans, ce qui paſſe ordinairement le temps de leur ſervice ; ils réſiſtent aux plus lourds fardeaux qui ſont conſidérables ; car il y a des Mâts qui peſent plus de trente milliers, & ſe font à peu de frais. En général tout ce qui ſe conſtruit en bois dans la forêt eſt toujours le moins diſpendieux, parce qu'on trouve les matériaux ſous la main, & ſouvent le plus ſolide étant par ce moyen à l'abri des éboullemens. On peut voir Planche Ire figure 3, l'effet que feroit le même chemin pris dans l'épaiſſeur des terres, en leur ſuppoſant le même talut ; on voit par les lignes ponctuées, que quand même on voudroit contenir ces terres avec des murs à pierres ſeches (1), cela ſeroit impraticable, vu leur peu de conſiſtance.

Planche Iere, fig. 1, 2 & 3.

Planche Iere, fig. 3.

---

(1) Il y a divers cantons dans les forêts où l'on ne trouve pas même de pierres ſuffiſamment pour l'empierrement des chemins, ce qui mettroit encore dans l'impoſſibilité d'exécuter ces ſortes d'ouvrages.

Quant aux ravins qui fe trouvent dans la direction des chemins, ou ils font à fec toute l'année, ou ils fervent toute l'année à l'écoulement des eaux, ou enfin ils ne font arrofés que dans les temps d'orages.

Dans le premier cas, comme il eft prefque toujours impoffible de les remblayer avec de la terre, qui très-fouvent manque auffi dans ces forêts, on y jette de mauvais arbres que l'on empile les uns fur les autres, jufqu'au niveau du chemin, obfervant de donner au maffif un talut convenable. On regarnit le deffus avec de la pierre & du gravier. Il s'eft fait de pareils remblais en bois, de foixante toifes de longueur fur trente pieds de haut, pour regagner les pentes du chemin.

On s'y prend à peu près de même pour conftruire des Plateaux artificiels, propres à fervir de chantier aux pieces, dans les quartiers où il ne s'en trouve point de formés par la nature, Ces plateaux fe font au pied des gliffoires, pour y dépofer toutes les pieces, & avoir une efpace fuffifante pour les travailler, & les charger commodément fur les voitures.

Il y a des ravins où l'on conftruit des ponts en charpente élevés fur des maffifs en pierres, quelquefois de plus de cinquante pieds. On trouve dans la forêt d'Iffaux, un de ces Ponts, fous lequel nous avons fait paffer un fecond chemin qui revient enfuite s'embrancher avec celui de deffus, à une cinquantaine de toifes en deffous.

On fe fert encore dans d'autres cas de grillages, faits avec ces *cunges*, dont nous venons de parler, pour contenir le chemin, & l'empêcher d'être coupé par les eaux que l'on fait paffer par deffus ; on donne alors à l'ouvrage un talut plus confidérable, afin que rien ne foit dégradé,

De tous les ouvrages de ce genre aucun n'approche d'un chemin exécuté récemment, pour l'exploitation des Mâts, d'un quartier nommé *le Pas*, fitué hors de la forêt d'Iffaux, à l'ex-trêmité de la vallée d'Afpe, le long de la route qui conduit en Efpagne, & à trois lieues du Port d'Atas.

Sa longueur eft de 1900 toifes; il s'en eft trouvé environ 1100, où l'on n'a eu à vaincre que les difficultés ordinaires, & que nous venons de détailler, comme deux grands ravins rem-blayés en bois, & quelques parties élargies, foit en bois, foit avec des murs à pierres feches. Mais dans le furplus il s'eft trouvé des obftacles qui n'ont pu être furmontés que par tous les efforts réunis du courage & de l'induftrie. Il reftoit encore environ huit cent toifes à percer le long de rochers contigus, éle-vés en plufieurs endroits de 4 à 500 toifes, prefque toujours à plomb, & bordés par-tout d'un précipice affreux, au fond duquel roule un torrent très-rapide. Il s'agiffoit de pratiquer dans cette efpace un chemin de douze pieds de large, avec des pentes bien ménagées, & il n'y avoit d'autres moyens que de le fculpter, pour ainfi dire, dans le rocher même à force d'efcarpemens, & en ménageant par-tout une demi-voute de douze pieds de haut. Il étoit d'ailleurs néceffaire qu'un chemin de cette nature, bordé d'un côté par des rochers à perte de vue, & de l'autre par un précipice continuel & profond d'en-viron 400 pieds, fans aucun repos, fût entiérement aligné, ou du moins fans contours trop fenfibles, fans quoi les dangers l'euffent rendu inutile.

Comme toute cette partie étoit inacceffible, il n'étoit pas plus aifé de tracer l'ouvrage que de l'exécuter. Voici la mar-che que l'on a fuivie dans cette opération.

D'abord comme on ne pouvoit pas approcher des endroits où il étoit néceffaire de planter des piquets, il a fallu fe tranf-porter fur la montagne qui forme l'autre côté du précipice, preſqu'auſſi eſcarpée que cette premiere (1), & ſemblant ſe toucher en certains endroits, malgré le torrent qui les ſépare : delà étant placé en face de tout l'ouvrage, déterminer & la direction & la pente du chemin ; ce qui ſe fit au moyen d'une grande regle que l'on cloua à deux piquets, de maniere que ſa direction, ſur laquelle on s'alignoit, indiquoit tous les points principaux par où le chemin devoit paſſer, & donnoit en même temps la pente qu'il falloit ſuivre pour accorder les deux parties enſemble, parce que l'on ouvrit les deux extrêmités à la fois, pour venir ſe rejoindre au milieu. La pente fut menagée à environ huit pouces par toiſes, ce qui n'eſt pas exceſſif ; car la direction étant toujours la même, la vîteſſe avec laquelle les voitures peuvent deſcendre eſt abſolument ſans danger, & les manœuvres aiſées puiſqu'elles ſont toujours les mêmes. Il n'y a qu'un ſeul tournant qui eſt le plus élevé & le plus dangereux, auquel on a été forcé de donner juſqu'à 25 pouces de pente par toiſe, ſur environ 70 toiſes de longueur ; auſſi le chemin a-t-il juſqu'à 30 pieds de largeur dans cette partie.

Pour l'exécution, on fut d'abord obligé dans certains endroits de ſuſpendre des hommes avec des cordes, pour aller percer des trous & y poſer des fleurets (2), qui ſerviſſent enſuite d'échafaudages ; ou bien ils deſcendoient par des échelles ſuſpendues, ſoit pour la même opération, ſoit pour tirer des mines ; ou travailloient ſur des échafauds très-élevés, ſoutenus par des échelles dont les pieds poſoient ſur les bords du pré

---

(1) Pour y parvenir on fut obligé d'y tracer un petit ſentier de ſix pouces de largeur, fait en zigzag, afin de pouvoir aller viſiter l'ouvrage au moins deux fois la ſemaine, & il y avoit environ ſix cens pieds de hauteur à gravir ainſi ſur le petit ſentier.

(2) Inſtrument pour percer les trous des mines.

cipice : fouvent même il falloit fe renverfer en dehors ; pour paffer d'un côté de ces échelles à l'autre. On fent qu'il fal-loit pour cela des Ouvriers bien déterminés. On en a vu fou-vent travailler à percer des mines fur une trace de 3 à 4 pouces de large, en s'y tenant cramponés.

On a eu attention, autant qu'il a été poffible, de commen-cer cette trace par le haut du ceintre de la demi-voute, parce qu'il étoit plus facile enfuite de creufer & de s'élargir en baif-fant, chaque mine faifant fauter à droite & à gauche de fon trou & par conféquent tendant toujours à baiffer. Il étoit d'ailleurs important de ne pas entamer le bord du rocher, qui devoit être celui du chemin.

Lorfqu'on a rencontré des parties de rochers verticales, il a fallu les faire fauter tout entiers, & fouvent fur des hauteurs de cent pieds ; car en les vuidant par le pied, pour confer-ver la demi-voute, ont eût rifqué d'abord de faire écrafer les Mineurs, & enfuite de voir les bords du chemin emportés par les grands éboulemens. On commença donc l'efcarpement de toutes ces parties verticales par le haut ; l'opération fe faifoit avec affez de facilité jufque vers le milieu, mais une fois arrivés à ce point, les Ouvriers n'y pouvoient plus defcen-dre que par des échelles fufpendues, & étoient obligés de remonter, à chaque mine que l'on tiroit. Pour arriver fur la pointe de ces couches verticales, il falloit monter jufqu'au haut de la montagne, & defcendre enfuite par des crévaces de fix pouces de largeur & de cent pieds de longueur, jufques fur le fommet de ces couches. Il y a eu de ces bancs verticaux que l'on a été obligé de boulonner avec ceux contre lefquels ils font appliqués, pour éviter de plus grands travaux & pour prévenir les éboulemens & les accidens.

Dans quelques parties, les bords du chemin font foutenus avec des arbres boulonnés dans le rocher ; dans d'autres, le

F.

chemin eſt conſtruit en bois dans toute ſa largeur, ce qu'on a été obligé de faire toutes les fois qu'il s'eſt trouvé du vuide dans le rocher ; il y en a de ſoixante pieds de portée : ces eſpeces de ponts ſont aſſez ſolides pour durer autant que l'exploitation de cette forêt, c'eſt-à-dire quatre ou cinq cens ans. Quelquefois on a été obligé pour s'élargir, de conſtruire des murs à pierre ſeche, de cinq cens pieds de haut, dont les fondations ſe ſont faites à force de mines ; il y en a de fondés ſur des arbres : on eſtime qu'il a fallu faire ſauter environ quatre mille toiſes cubes de rocher, pour la conſtruction de ce chemin (1).

On ſent que toutes ces opérations ont occaſionné une conſommation conſidérable de ferremens, ſur-tout de fleurets. On avoit pratiqué d'abord une forge à chaque extrêmité de la partie dont je viens de parler, pour éviter un tranſport continuel. Lorſqu'on fut parvenu à la moitié du grand rocher, les ouvriers ſe firent des baraques pour n'avoir pas la peine de remonter chaque ſoir.

Je ne détaillerai point ici la façon de faire les mines ; tout le monde connoît aſſez cette opération : j'obſerverai ſeulement que les rochers de tous ces chemins ſont une eſpece de marbre gris, dont les qualités varient à l'infini, & qui demandent toujours des obſervations différentes de la part des ouvriers, ſoit pour la maniere de placer la mine ſuivant la poſition des couches & des veines, ſoit pour la charge, qui dépend toujours du diametre & de la profondeur du trou : en général, on y emploie trois livres de poudre par toiſe cube ; ce qui n'a pas été exact pour ce chemin, à cauſe des grands éboulemens & de l'énorme quantité des débris.

___

(1) S'il eût été poſſible d'expoſer clairement, par des Plans & Profils, la vraie ſituation de ce chemin, je l'aurois fait ; mais on doit ſentir qu'il n'y auroit que des Tableaux & différens points de vue qui pourroient en faire voir & l'horreur & la ſingularité.

[43]

Ensuite pour faire communiquer ce chemin avec les bois que
l'on exploite, & dont il est séparé par un ravin profond dans
lequel coule un torrent rempli de gros quartiers de pierres qui
cubent jusqu'à deux toises, on a construit un pont en bois aligné
avec le chemin, de cent cinquante pieds de longueur : ce pont
est posé sur un grillage formé par des femelles, boulonnées elles-
mêmes sur les plus gros quartiers de pierres dont les têtes se
sont trouvées de même niveau, afin que le tout fût lié ensemble
de façon à former une base solide, & que le torrent pût passer
sous les femelles.

De plus, comme il falloit pratiquer différens embranchemens
dans le bois, à mesure qu'on exploiteroit les différentes parties,
on se proposa de faire aboutir les embranchemens à deux autres
ponts qui viennent se raccorder au milieu du premier, en patte
d'oie, & qui décrivent chacun un demi-cercle d'environ cent
pieds : (voyez aux planches II & III, les plans, élévations &
profils de ce pont).

Planches II
& III.

On a construit à côté de ce pont un Moulin à scie, dont les
scies sont de niveau avec le dessus du pont : ce lieu a été choisi de
préférence, parce qu'il forme le point de réunion de tous les
bois de ce quartier.

On donne ordinairement aux grands chemins qui conduisent
au bois douze à quatorze pieds de largeur, mais toujours douze
pieds d'empierrement ; on ne donne que dix pieds d'empierrement aux embranchemens qui se font dans les différens quartiers
des forêts, pour la communication des grands chemins avec le
lieu de l'exploitation (1).

---

(1) Il se fait encore dans les bois des traces pour extraire certains cantons de peu de
valeur, & qui excéderoient les frais d'un chemin empierré : on leur donne huit à dix pieds
de largeur, & de six en six pieds on pose en travers un barottage, dont chaque piece a environ six pouces de diametre ; ensuite on fait glisser les Mâts par le moyen des bœufs, qui
les transportent jusqu'au premier chemin commode pour les charger sur les trains.

F ij

Une obfervation qui ne doit point échapper lors de l'ouverture d'une forêt, c'eft de préférer toujours, fur plufieurs moyens
faciles pour établir des chemins, celui qui conduira au pied des
bois, fur-tout s'il eft poffible qu'il les parcoure en entier,
parce qu'il fera facile enfuite d'y faire aboutir tous ceux que
l'on projettera pour chaque quartier : un autre point non moins
effentiel eft de faire enforte que ce chemin principal vienne de
la forêt toujours en defcendant, dût-il même être plus long : il
en fera ainfi de tous les embranchemens dans les bois, parce qu'il
faut dans ces exploitations qu'il foit toujours queftion de faire
defcendre les arbres & jamais de les remonter, ce qui deviendroit
trop difpendieux & fouvent impoffible.

Les ouvrages dont je viens de donner le détail, fe font ordinairement à l'entreprife. Je voudrois pouvoir donner ici le prix
des différens travaux, pour mettre ceux qui feroient chargés
d'une femblable commiffion, à portée de faire des devis fur
lefquels il fût poffible de compter ; mais comme la trop grande
variété du terrein, dont la nature change pour ainfi dire à chaque
pas, ne permet pas de faire des comparaifons juftes d'un travail
fait dans une partie, au même travail fait à quelque diftance
delà, je craindrois de les jetter dans l'erreur ; ne doutant pas
que je n'y fois moi-même tombé quelquefois, en voulant eftimer
d'avance le prix d'un ouvrage projetté : je dois donc avertir
qu'il faut pour faire ces eftimations, beaucoup d'habitude & de
connoiffances pratiques, vu qu'il n'eft pas toujours poffible de
parcourir entiérement le terrain des ouvrages projettés, &
qu'on eft fouvent forcé, comme je l'ai dit, de les tracer à mefure
que l'on avance.

Voici néanmoins les prix généraux qui peuvent fervir de
bafe aux devis.

La toife cube d'efcarpement ordinaire fe paie 10 livres ; on
fournit les outils & la poudre ; les Entrepreneurs paient le

déchet des outils à la fin de l'ouvrage ; & rembourfent la poudre fur le pied de 12 fols la livre : il y a des efcarpemens que l'on paie jufqu'à 15 livres, fuivant le local & les difficultés.

La toife cube de terre qu'il ne faut que remuer & tranfporter à cinq ou fix cens toifes, fe paie quarante fols.

L'empierrement d'un chemin ordinaire de dix pieds de largeur fur un pied de hauteur ou d'épaiffeur, les pierres pofées de champ, & bien regarnies, les bordures alignées & faites de pierres de choix, le tout recouvert de quatre pouces de hauteur de gravier, vaut quatre livres la toife courante, fi la pierre eft à portée, quatre livres dix fols & même cinq livres, s'il faut l'aller chercher un peu loin.

Il feroit plus difficile d'évaluer le prix des remblais en bois ; cela dépend de la nature du local, de la proximité des arbres, de leur diametre, de la difficulté de l'extraction, enfin de la maniere dont le remblai doit être fait.

J'en ai fait exécuter un qui avoit quatre-vingt pieds de long fur trente pieds de haut & de quinze de large à fa bafe, & qui eft revenu à 300 livres ; ce qui fait un peu plus de 3 livres la toife cube ; il eft vrai que le bois n'étoit pas fort éloigné.

Les encaiffemens faits en *cunges* reviennent à peu près au même prix.

Il n'eft pas poffible de donner d'autres connoiffances propres à évaluer des travaux d'une nature fi peu uniforme ; l'habitude journaliere peut feule y fuppléer.

CHAPITRE IV.

De l'extraction des Mâts depuis le lieu de la coupe jusqu'aux chemins.

L'OPÉRATION dont il s'agit ici est la plus difficile & la plus dif-pendieuse de toute l'exploitation. Quelle précaution ne faut-il pas mettre en usage pour faire descendre de cent cinquante ou deux cens toises de hauteur, des arbres de cent pieds sur trente pouces diametre, pour les conduire sains & entiers à travers des ravins profonds, souvent hérissés de pointes de rochers, pour les faire glisser sur des pentes à pic, où des ouvriers peuvent à peine se tenir debout, pour vaincre enfin tous les dangers, dont l'espace qui sépare le lieu de la coupe des chemins qui conduisent au port de la flottaison, est semé tant pour les arbres que pour les hommes

Les ouvriers destinés à ces travaux font repartis en brigades de vingt-cinq, y compris le Brigadier; ce nombre est suffisant pour conduire par-tout un Mât ordinaire; on l'augmente lorsqu'il s'agit d'extraire des arbres monstrueux, comme il s'en rencontre quelquefois un à deux par coupes; on le diminue de même quand on n'a à opérer que sur de petites pieces.

Plusieurs font armés d'une hache, qui leur sert, soit à abattre ce qui se rencontre dans la direction de la glissoire ou sur la trace que les pieces doivent suivre pour la gagner, soit à fabriquer de grands leviers du premier bois qui se trouve sous la main.

Chaque brigade est munie de pioches ou pics pour égaler les terres & loger les têtes des barottages; de deux palans ou poulies doubles garnies, pour virer les Mâts, les faire éviter,

& les hâler, foit fur un fol uni; foit dans la gliffoire : de deux ou trois cables de fix à huit pouces de circonférence fur quatre-vingts braffes de longueur, pour retenir les pieces, les filer à mefure qu'elles gliffent, les fufpendre & les porter le long des rochers à plomb ; de deux ou trois chaînes de fer de neuf à dix pieds, armées à une de leur extrêmité d'une douille pointue que l'on frappe dans le bois, elles fervent à attacher les palans au Mât, ou bien à quelque fouche ; enfin de plufieurs pieces de fer dont un bout eft pointu, & l'autre en pied de chevre, pour aider à virer les Mâts, les mouvoir dans la gliffoire, & faire fauter les pierres qui peuvent gêner la manœuvre.

Les étrangers les plus robuftes & les plus vigoureux font peu propres à ces travaux ; la néceffité de gravir continuellement les rochers les plus efcarpés, & le genre de vie qu'ils font obligés de mener à la forêt, éloignée au moins de deux lieues de toute habitation, ne font fupportables qu'aux gens du pays, aux Bafques fur-tout qui forment le plus grand nombre. Chacun apporte le lundi fa provifion de farine de milloc ou bled de Turquie pour la femaine ; à l'heure du repas, ils en délayent un peu avec de l'eau dans une gamelle de bois ou fur un copau, & en forment un gâteau qu'ils font cuire fous la cendre ; quelques-uns font le foir un peu de foupe avec de l'eau, du fel, & des feuilles d'ortie blanche ou de mauve fauvage. Ils couchent fur le lieu du travail dans des huttes de cinq à fix pieds d'élévation, formées de mauvaifes planches, d'écorces d'arbres, ou de débris des fapins qu'ils ont abattus ; ils les adoffent à quelque rocher lorfqu'il s'en trouve, & font du feu devant l'ouverture : on leur délivre une couverture de laine pour deux ; le lit eft formé de branches de fapin. Une vie fi dure, accompagnée de dangers continuels, n'eft compenſée que par la ſalubrité de l'air & des eaux; il eſt rare d'y voir des malades, & ils ne périſſent gueres que par accident.

On choiſit les chefs de ces brigades parmi ceux qui ont le plus d'expérience & d'induſtrie ; la célérité des opérations dé-pend d'eux abſolument. Cependant comme on eſt ſouvent forcé par les inconvéniens du local de changer de manœuvre en un inſtant, & qu'il n'eſt pas aiſé de ſe tranſporter aſſez vîte d'un endroit à l'autre, au milieu des rochers & des précipices, l'in-relligence de chacun des ouvriers entre beaucoup dans la réuſſite des travaux.

J'ai expoſé, à l'article de la coupe, toutes les précautions qu'il étoit néceſſaire d'employer lorſqu'on abattoit les mâts ; c'eſt au moment de l'extraction qu'on ſent de quelle impor-tance il eſt qu'elles aient été bien priſes. Si un arbre eſt tombé dans une mauvaiſe poſition, à l'inſtant de l'ébranchement, il faudra plus de trente hommes pour le virer ; & s'il n'a pas été conduit dans ſa chûte du côté de la gliſſoire, une brigade entiere emploiera un jour ou deux pour le tirer de ce mauvais pas.

Lorſqu'il s'agit d'extraire ce qui a été coupé, avant d'y pro-céder, on fait une viſite pour examiner les arbres de nouveau, & voir s'il né s'y trouveroit point quelques défauts qu'on n'auroit pas apperçus lorſqu'ils étoient debout, ou bien s'ils n'auroient pas été endommagés par l'abattage. Il arrive aſſez ſouvent qu'on eſt obligé de faire débiter en billons ou en bor-dages des arbres de la plus belle apparence, ou du moins de les réduire en mâts de moindre proportion : on évite par-là les frais du tranſport, en abandonnant, ſur le lieu même, tout ce qui peut être inutile au ſervice.

Quand on commence l'extraction dans un nouveau quartier, on choiſit, autant qu'on le peut, dans le centre de la coupe, un terrain où l'on puiſſe amener les arbres des extrêmités ;

c'eſt

c'est toujours l'endroit d'où il sera plus aisé de les faire glisser jusqu'à la naissance des chemins du charroi ; on prend toujours de préférence les ravins lorsqu'ils ne sont pas trop profonds, parce que les eaux les ont creusés dans les endroits où il s'est rencontré le moins d'obstacles. Quelquefois on est assez heureux pour trouver une pente toute de terre, par où on les conduit sans beaucoup de frais ni de difficultés, sur-tout si cette pente est un peu humide. Lorsque le terrein se trouve plus inégal, on l'applanit en escarpant les pointes de rochers qui gênent ; on construit ensuite un barotage fait avec de gros arbres de nulle valeur, posés en travers de six pieds en six pieds, suivant le local. S'il se trouve dans la direction quelque ravin qu'il seroit ou dangereux ou trop dispendienx de combler, on y jette de gros arbres sur lesquels on établit ensuite les traverses du barotage; on appelle glissoire cette pente ainsi garnie de bois : (1) on doit sur-tout ménager adroitement les coudes qu'on ne peut éviter, de maniere que les arbres même qui glissent avec la plus grande rapidité, les tournent sans inconvénient.

Planche IV.

Quelquefois, dans des cantons où le local ne permet aucune disposition suivie, à cause de la hauteur des rochers, il se rencontre des arbres que leur bonté & leur belle proportion rendent précieux : c'est alors qu'il faut metre en usage tous les expédiens que l'industrie peut suggérer.

La reconnoissance des pieces faite scrupuleusement, & les glissoires une fois bien préparées, on commence par faire deux grands trous à chaque extrêmité des Mâts, l'un pour attacher les cables de retenue, & l'autre pour le palan qui doit les faire glisser ; car malgré la pente assez considérable du terrein,

---

(1) Voyez Planche IV la vue d'une pareille glissoire, avec un Mât que l'on extrait, lequel est retenu par deux cables entortillés autour de deux souches.

il faut fouvent employer de très-grandes forces pour mouvoir des pieces dont le poids énorme caufe un grand frottement fur les barotages, dans lefquels même elles s'incorporent; on arrondit enfuite le gros bout qu'on préfente le premier fur la gliffoire; au moyen de cette précaution il coule plus aifément & ne rifque pas de s'accrocher à rien dans fa marche. Il arrive fouvent que le petit bout marche le premier, fuivant la pofition de la piece; car il eft comme impoffible de les virer bout pour bout fur le chantier même, & il eft très-dangereux de remuer les pieces dans le bois, elles partent fouvent d'elles-mêmes & caufent de grands ravages.

Après ces préparations, on choifit une fouche de trois ou quatre pieds de haut dans l'alignement du milieu de la gliffoire, on y entortille le cable de retenue, qu'une homme file fuivant le mouvement que le palan donne à la piece, tandis que les autres, placés foit au palan, foit le long de l'arbre, l'aident avec leurs pinces de fer à gliffer fur le barotage : le Brigadier fe tient au milieu pour commander la manœuvre, & faire que tout marche enfemble & du même mouvement.

Si l'arbre eft très-confidérable, au lieu d'un cable on en met jufqu'à trois & quatre, que l'on file le plus doucement & avec le plus d'enfemble qu'il eft poffible, pour éviter les fecouffes qui pourroient faire rompre ceux des cables qui fatigueroient le plus : alors la piece n'étant plus retenue, s'échapperoit avec rapidité, écraferoit les ouvriers qui font au palan ou le long de l'arbre, iroit fe précipiter à droite ou à gauche, & fe brifer fur les rochers.

Lorfque le cable de retenue eft filé jufqu'au bout, celui qui le file defcend jufqu'à la piece, choifit une nouvelle fouche pour lui fervir de point d'appui, & recommencer fucceffivement jufqu'à ce que l'arbre foit arrivé au chemin des voitures.

Lorfque le terrein le comporte, & qu'on doit defcendre beaucoup d'arbres par une même gliffoire, fur-tout lorfque la pente eft douce, on fe fert du cabeftan : cette force, jointe à celle du palan, accélere le mouvement : il eft plus néceffaire encore lorfqu'il fe rencontre dans le cours de la gliffoire des efpaces où le terrein eft de niveau ; il faut dans ce cas doubler les forces & les bras, attendu que la réfiftance de l'arbre que fon poids incorpore, pour ainfi dire, avec les pieces du barotage, l'empêche de gliffer, fur-tout fi ces pieces font de vieille coupe.

On eft quelquefois dans la néceffité de faire defcendre les Mâts le long des rochers à pic ; la manœuvre eft à peu-près la même que dans les cas ordinaires, mais on augmente de précautions. Il fe rencontre beaucoup moins de fouches dans ces lieux arides, où elles feroient plus néceffaires pour multiplier les points d'appui des cables de retenue, qui portent alors prefque feuls tout le poids des arbres ; on y fupplée en fe fervant de pointes de rochers ; on amene des environs de quoi former dans les cavités de petits barotages en forme d'échelons, afin que les pieces portent fur toute leur longueur, s'il eft poffible ; le frottement qui augmente, en diminue la pefanteur en la partageant ; on eft obligé de faire des entailles dans le roc pour y incrufter la tête de ces barotages, & lorfqu'on n'en peut conftruire, on fait gliffer les pieces fur la pierre même : pour cela on fait fauter par la mine toutes les têtes qui peuvent nuire. Comme dans ces opérations, les Mâts defcendent prefque d'àplomb, & ne gliffent qu'entre nombre d'inégalités, on pratique, de diftance en diftance, de petits plateaux pour y placer cinq ou fix hommes qui puiffent y agir fans fe gêner, & aider l'arbre à defcendre. On multiplie les palans au moyen des chaînes dont nous avons parlé, & on en attache de chaque côté de la

G ij

piece ; pour pouvoir la détourner de l'un ou de l'autre , fui-vant les obftacles qui fe rencontrent , tandis que l'on file les cables de retenues. On a foin de garnir d'arbres en travers les pointes de rochers fur lefquels les pieces & les cables peuvent porter , de crainte qu'elles ne foient endommagées ou rompues tout-à-fait par le frottement : malgré ces précautions , lorf-qu'elles arrivent aux chemins des voitures , elles fe trouvent prefque toutes rongées d'environ deux pouces de diametre , & il faut fouvent vifiter les cables.

On fent combien il eft difficile de manœuvrer dans des lieux où il eft fouvent impoffible aux ouvriers de fe communiquer les uns les autres , même de s'y tenir ; auffi ne peut-on pas toujours empêcher les accidens : on a vu quelquefois les cables fe rompre , des pieces s'échapper avec rapidité , tourner fur elles-mêmes dans toute leur longueur en décrivant un cercle ; s'aller brifer en éclat , ou s'enfoncer de dix-huit pieds en terre , de maniere qu'on ne pouvoit les en tirer qu'en les coupant.

Dès que les ouvriers font parvenus à amener une piece au chemin , avec toutes les peines qu'il eft aifé de fe figurer ; fouvent au milieu des éclats de rochers détachés par le frot-tement de l'arbre & des pierres qui s'échappent de deffous leurs pieds pendant la manœuvre , il leur faut remonter tout ce qui a fervi à l'opération , cables , palans , chaînes , outils , & gravir pendant une heure ou deux , ainfi chargés , pour recommencer les mêmes travaux.

On extrait avec les mêmes précautions les billons deftinés aux fervices des ports , & fouvent ceux que l'on doit débiter en bordages , parce que fans cela ces bois fe précipiteroient , deviendroient hors de fervice , détruiroient dans leur courfe les gliffoires & les chemins.

Quant aux billons deftinés , pour leur défectuofité , à être réduits en planches , on ne fe fert guere que de pinces & de leviers pour leur donner le mouvement fur la gliffoire , & dans beaucoup d'endroits, il faut encore un cable retenu. Dans les quartiers où la pente eft unie , & où il fe trouve de la terre à la furface , on choifit pour l'opération un jour de pluie ; alors les billons gliffent d'eux-même , & quelquefois du haut de la montagne jufqu'en bas , dès le premier mouvement qu'on leur donne : cela s'appelle les envoyer à billons perdus : on n'emploie les palans que dans les terreins moins unis , mais fans beaucoup de précautions : en général , le peu de temps qu'on emploie à ce travail forme le bénéfice le plus clair fur ces bois de peu de valeur.

On fcie à bras fur les lieux ceux qui fe trouvent fitués dans des endroits de difficile abord , & lorfqu'ils font débités en bordages, on n'a befoin que de les attacher à un fimple cordage que l'on file , ou bien quelques hommes les tirent en avant, ce qu'ils appellent hâler à courir : cette opération s'exécute fort vîte, & de cette maniere une brigade defcend en un jour ce qu'elle n'auroit pas fait fouvent en quatre , fi l'on eût laiffé les billons entiers.

Je viens de détailler lés manœuvres principales qui fe font à la forêt. J'aurai rempli mon objet, fi les difficultés qu'il faut vaincre, & les précautions que l'on doit employer fe trouvent expliquées d'une maniere affez claire , pour que ceux qui feroient chargés des mêmes opérations dans un terrein à peu près femblable , en puiffent retirer quelque utilité.

Il arrive fouvent des cas particuliers qui exigent des manœuvres, qu'il feroit trop minutieux de décrire ici, comme lorfqu'il s'agit de tirer du fond d'un ravin des arbres qui fe feroient échappés, ou quelques Mâts coupés au deffous des chemins, & de les remonter fur ces mêmes chemins. Il fuffit de dire qu'alors on doit commencer par examiner si l'arbre en vaut la peine. On se sert pour cela de caliornes & de poulies de retour, & autant qui'l est possible, on manœuvre sur les chemins, afin de pouvoir y atteler des bœufs, parce qu'il faut de grandes forces pour remonter à pic certains arbres, sinon on les abandonne, ou on les fait débiter en bordages, que l'on remonte aisément.

En général, plus on simplifiera toute sorte de manœuvre, & plus on arrivera aisément à son but. On observera sur-tout d'éviter le transport des machines, que les difficultés rendent toujours dispendieux.

Je ne parlerai pas ici de l'extraction de la petite mâture, que l'on a exploitée à la forêt du Benou. Les pieces étoient de foibles échantillons, & le terrein y est uni; moyennant quoi cette opération n'avoit rien de remarquable.

Lorsque tous ces travaux sont épars dans une forêt, il faut des surveillans de la plus grande activité pour les conduire, toute fausse manœuvre coûte beaucoup à réparer, abstraction faite même de la perte du bois : ensuite faut animer continuellementles ouvriers, parce que de leur industrie vient naturellement la célérité de la besogne.

Ces différens travaux furent donnés à l'entreprise, à la forêt d'Issaux, aux conditions de rendre tous les bois sur les chemins où les voitures pouvoient les aller charger. On fournissoit des magasins du Roi tous les cordages, palans, & outils propres pour l'extraction, dont l'Entrepreneur payoit le déchet. Il étoit chargé de faire les glissoires & tous les autres travaux, à l'exception des chemins, & on payoit à l'Entrepreneur 40 liv. pour un Mât, ou un billon de service; 10 liv. pour les matériaux de douze palmes; 10 sols pour l'abattage de chaque arbre; 28 sols pour les ébrancher & les peler, & 7 sols du pied cube des billons destinés à faire des planches; on donnoit encore 15 sols pour étalonner les Mâts & les billons de service. Au moyende cette derniere opération, faite aux pieces à la forêt même , les voitures qui n'ont pas à porter des bois inutiles, se font trou‑vées très-soulagées.

L'extraction des bois de la forêt du Paât a été aussi donnée à l'entreprise ; mais l'Entrepreneur s'est chargé en outre de voi‑turer les bois, & de les rendre au port d'Atas. Il est encore char‑gé pour son compte de tout ce qui a rapport à ces divers ob‑jets ; & il lui est payé pour les Mâts, matériaux, billons de ser‑vice & bordage rendus au port, 25 sols du pied cube , & 20 sols par planche : ces travaux sont toujours dirigés comme s'ils étoient à la journée du Roi, l'Entrepreneur ne fait qu'exé‑cuter les ordres qui lui sont donnés journellement à cet effet.

CHAPITRE V.

Du tranſport des Mâts depuis la forêt juſqu'au Port où on les fait flotter : de la maniere de les charger ſur les trains ; & de celle de les décharger.

LORSQUE les Mâts ſont arrivés ſur les lieux, où les voitures peuvent les charger, on les façonne entiérement pour épargner ſur le tranſport autant qu'il eſt poſſible, & l'on étalonne ceux dont la culée ſeroit trop forte. On n'a cependant pas toujours ce loiſir ; car ſouvent ont eſt commandé par le temps de la flottaiſon ; & avec beaucoup d'ouvriers, l'extraction fournit quelquefois à peine aux voitures : alors on ſe contente de les ébaucher & le reſte ſe finit au port.

Pour charger les pieces ſur les voitures, on ſe ſervoit d'abord d'une eſpece de chevre, compoſée de deux cylindres avec un treuil au bas ; au moyen de deux poulies placées en haut , le cable s'entortilloit d'un bout, tandis que l'autre ſe détortilloit. Cette machine avoit l'inconvénient d'être d'un tranſport difficile, & d'employer huit ou dix hommes pour charger chaque Mât. On y en a ſubſtituée une nouvelle dont on peut voir l'effet figure 4, Planche Iʳᵉ ; elle conſiſte en deux vis de ſept pouces de diametre ſur quatre pieds ſix pouces de longeur, y compris la tête ; d'un écrou long de quatre pieds, & de deux petites crapaudines, ou d'une ſeule, pour empêcher que les vis ne s'enfoncent dans la terre. La tête de chaque vis eſt percée de trous, pour y paſſer les barres qui ſervent à les faire tourner. Les ouvriers de la forêt ont donné à cette machine le nom de *troüillette.*

Figure 4 , Planche Iʳᵉ.

Pour

[57]

Pour charger une piece, comme elles portent toutes fur des
chantiers, on commence par paffer l'écrou deffous à cinq pieds
du bout, afin d'avoir affez d'efpace pour la faire porter fur le
train, lorfqu'elle eft élevée; on place enfuite les vis dans l'é-
crou, & les crapaudines deffous, que l'on fait tourner par le
moyen des barres; lorfque le premier bout eft arrivé fur un
des trains, on fait la même opération à l'autre : cette machine,
dont tout le mérite confifte dans fa fimplicité, n'emploie que
quatre hommes pour charger les plus groffes pieces, & deux
fuffifent pour la tranfporter par-tout où elle eft néceffaire.

Une fois les pieces ainfi chargées, on les attache fur les trains
avec des bouts de cables, ce que l'on nomme *billoter* : de
chaque côté de ces cables, on frappe fur la piece des organots
adaptés à une douille de fer, afin que les pieces ne puiffent
pas gliffer fous ces cables dans les defcentes, qu'elles foient
fermes fur les trains : les cables font ferrés le plus qu'il eft poffible par le moyen d'une barre de bois que l'on tourne avec
la plus grande force : on peut voir l'effet fur la Planche V,
aux trains de derriere & de devant. Planche V.

Chaque train complet eft formé de deux parties ou trains, de
devant & d'arriere; chacune de ces parties eft compofée elle-
même d'une paire de roues, d'un effieu & d'une felette fur l'effieu :
entre la fellette & l'effieu du train de devant, font affemblées
deux pieces que l'on nomme *armons*, à l'extrêmité defquelles eft
affemblé le timon; la fellette porte le deffus du train compofé de cinq morceaux, dont quatre forment un quarré long,
& le cinquieme eft placé au milieu dans la largeur; ce morceau
eft percé d'un trou, ainfi que la fellette & l'effieu, avec lefquels il eft affemblé par une cheville ouvriere qui les traverfe
tous trois : il déborde les autres par fes deux extrêmités qui
font échancrées en deffous; ces échancrures fervent à recevoir

H

les cables qui affurent le Mât & le contiennent fur le train ;
ce morceau fe nomme *lifoire* : on voit que le timon a affez de
liberté pour tourner lorfque le chemin fait quelqu'angle , tandis
que l'arbre refte dans fon premier alignement.

Le train a de derriere auffi fon timon, dont l'objet eft différent de celui du devant ; il fert à gouverner aux tournans, &
c'eft par fon moyen que fe font toutes les manœuvres : il eft
fait d'une feule piece qui fe termine en fourche, & eft affemblé
au train, entre l'effieu & la fellette, par les deux branches de cette
fourche qui ont trois pieds d'ouverture ; on ne peut guere leur
en donner davantage , vu le peu de largeur des chemins. Comme
dans la manœuvre , l'endroit où le timon s'unit fait le point
d'appui d'un levier, dont chaque moitié de l'effieu eft le petit
bras , chacun agiffant en fens contraire , on auroit diminué la
réfiftance de moitié , lorfqu'il s'agit de faire éviter les roues , s'il
eût été poffible d'affembler les deux bras de la fourche aux deux
extrêmités de l'effieu ; mais comme l'effieu n'a que cinq pieds
du milieu d'une roue à l'autre, & qu'il faut du jeu aux roues,
on a été forcé de borner l'ouverture de la fourche à trois
pieds ; on auroit pu augmenter la force du levier en donnant
plus de longueur au timon qui en fait le grand bras, mais on eût
rifqué de faire jetter hors des chemins les hommes qui gou-
vernent , le timon ayant alors à décrire de plus grands arcs de
cercles dans fes différens mouvemens, que la rencontre des
pierres rend fouvent très-vifs , & qui euffent été bien plus dangereux dans les tournans : le deffus de ce train de derriere eft
d'une feule piece, pour diminuer le frottement & faire éviter
avec plus de précifion ; elle eft percée dans fon milieu & af-
femblée par une cheville ouvriere à la fellette & à l'effieu ; chacune de ces extrêmités eft échancrée en deffous pour recevoir
les cables qui attachent les Mâts fur le train.

On peut voir (Planche V.) un train complet & toutes ſes Planche V. pieces détachées, avec leurs noms, de même que de toutes les ferrures qui y entrent ; les proportions ſont réglées par l'échelle jointe à la Planche.

Je dois ajouter ici que l'on conſtruit ces trains ſur deux différens modeles, l'un très-fort pour le tranſport des Mâts au deſſus de vingt-quatre palmes, & l'autre plus petit pour les Mâts au deſſous de cet échantillon, pour les bordages ſciés à la forêt, & pour les billons deſtinés au moulin à ſcie. Les roues des trains ordinaires ont trois pieds neuf pouces de diametre, & celles des grands, quatre pieds ſix pouces : ces dernieres, & ſur-tout celles de derriere dont le frottement eſt conſidérable, ſont néceſſairement d'un très-fort échantillon, ayant à porter quelquefois des fardeaux de plus de vingt milliers, dont l'eſſieu ſoutient l'effort dans les deſcentes, ainſi que celui de la réſiſtance des bœufs, qui dans ces momens eſt très-conſidérable. Les moyeux, les jentes, les jentes à gueules de loup & les armons, ſont faits de bois d'orme ; les raies de chêne, les timons, fourches, eſſieux, ſellette & deſſus de train, de hêtre : ce dernier bois eſt plus commun dans ces forêts, & ſuffit pour les pieces auxquelles on l'emploie.

Les Charrons les font à l'entrepriſe : le Roi fournit le bois qu'il vont couper dans la forêt, & dont il leur paie cette premiere façon : on l'extrait enſuite pour le mettre en magaſin : on leur paie trente-neuf livres de façon pour un grand train complet, & trente-trois pour un train ordinaire : on paie en outre la ferrure aux Forgerons ſur le pied de trente-trois livres le cent.

Lorſque l'exploitation eſt conſidérable, on emploie dans le fort des travaux juſqu'à quarante trains complets, dont vingt-cinq ordinaires & quinze grands. En général, il faut en pro portionner le nombre & la qualité, de maniere qu'il n'y ait point d'interruption : on évalue cette proportion à trois fois autant qu'il peut en defcendre à charge dans une bonne journée ; au moyen de cela, un tiers remonte à vuide, tandis qu'un autre vient de la forêt chargé, & que le dernier eft en charge aux plateaux, ou le long des chemins : il en faut en outre quelques-uns de relais pour fuppléer à ceux auquels il arrive quelqu'accident, & qu'il faut réparer.

Le charroi doit auffi être en proportion avec la flottaifon, tous ces travaux devant marcher enfemble : dix à onze voitures qui arrivent journellement au port, fourniffent deux radeaux, & même un peu plus ; ainfi le nombre des radeleurs, & celui des voitures & des attelages, doit toujours fe proportionner à la quantité de matiere fournie par l'exploitation, de maniere que l'on ne perde pas la plus petite partie du temps précieux où le flottage eft poffible.

On s'eft toujours fervi de bœufs pour le fervice des trains de voitures : outre la facilité de les nourrir, leur lenteur ne fait rien perdre fur le travail, dans des manœuvres où il s'agit plutôt de retenir que d'avancer : les chevaux d'ailleurs ne font guere propres aux travaux des montagnes, ils feroient bien-tôt ruinés, & on n'en tireroit pas le parti que l'on tire des bœufs lorfqu'ils font hors de fervice.

On gardoit d'abord les bœufs toute l'année ; ils avoient environ cinq mois de repos, pendant lefquels la plupart fe refai-foient mal, de maniere qu'à l'ouverture de la campagne, dès les premiers jours du travail il falloit en réformer bon nombre qui fe trouvoient avoir été nourris inutilement : il fe confom-moit environ vingt mille quintaux de fourrage qu'on avoit beaucoup de peine à raffembler : il falloit payer toute l'année le même nombre de bouvriers, & on fe trouvoit quelquefois

embarraffé pour remplacer fur le champ les bœufs qui man-
quoient dans le moment le plus précieux de la faifon.

Mais les fages précautions que l'on a prifes depuis ont re-
médié à ces inconvéniens ; elles confiftent à ne garder des
bœufs que ce qu'il en faut, & de les revendre à mefure que
tout fe finit : dès que le temps de la flottaifon eft paffé, on
ne réferve que ceux qui fervent à tranfporter les bordages &
planches qui fe font journellement à la forêt, à defcendre les
billons deftinés au moulin à fcie, ou les Mâts qui ne font pas
encore extraits, & qui ne peuvent être flottés qu'à la fuite des
orages : on fe défait enfin de tout le refte, quand les travaux
finiffent à la forêt, à l'exception feulement de huit ou dix
paires pour l'entretien des prairies que le Roi a affermé dans
la vallée, ou pour les événemens extraordinaires qui peuvent
furvenir pendant l'hiver.

Au moyen de cela, quoiqu'il y ait quelquefois plus de moitié
de perte fur la revente des bœufs, il y a un bénéfice confidérable par l'économie des fourrages que l'on faifoit toujours ren-
chérir en mettant le pays à contribution jufqu'à fept à huit
lieues au loin, & qui font depuis redevenus plus communs,
par l'épargne des bouviers, (il en faut un par paire) & par
l'exactitude du fervice pour lequel on a au commencement de
chaque campagne des bœufs frais & fur lefquels on peut compter : il ne s'agit plus que de fe procurer d'avance des fourrages proportionnés aux ouvrages que l'on fe propofe de faire ;
ce qui eft aifé en calculant fur quatre-vingt livres pour vingt-
quatre heures par paire de bœufs, & le pays qui ne fe trouve
plus épuifé par la nourriture d'une année entiere, fournit aifément, & à meilleur marché, ce qui eft néceffaire pour le temps
du travail.

Lorfque les voitures font chargées à la forêt, on attele une

paire de bœufs au timon de devant, & le reſte derrierre à un
cable de retenue attaché au Mât, & aſſez long pour que les
premiers bœufs ſe trouvent encore à quelque diſtance des
hommes prépoſés à la manœuvre du timon de derriere qui doit
reſter en liberté : ces bœufs ſont deſtinés à retenir, & on en
attele juſqu'à quinze paires aux pieces d'un échantillon conſidérable : on choiſit les plus robuſtes pour le timon de devant ;
car il n'y a que cette paire qui tire ; ceux de derriere qui ne
ſont deſtinés qu'à retenir, arboutent les jambes de devant, &
s'acculent tout-à-fait ſur le derriere, puis ſe laiſſent gliſſer tant
que le chemin deſcend : chaque bouvier pendant la marche eſt
continuellement occupé à leur donner des coups d'aiguillon ſur
la tête pour les obliger à faire toujours de plus grands efforts ;
ces animaux ſont bien vîte excédés à ce pénible travail. Lorſque
le chemin monte, ce qui arrive quelquefois, on fait paſſer tous
les bœufs ſur le devant, on en attele deux ou trois paires au
timon, & le reſte à un cable attaché ſur le bout du Mât.

Comme il n'a pas été poſſible dans certaines parties de chemin de donner moins de quatorze pouces de pente par toiſe ;
ce qui eſt pourtant aſſez rare, & n'eſt jamais fort long, les voitures s'aident dans ce mauvais pas, des attelages les unes des
autres ; pour cela on conduit ſous un ſeul convoi toutes celles
qui doivent deſcendre le même jour, on fait marcher les pieces
les plus foibles les premieres, & quand elles ont paſſé ces endroits rapides, on fait remonter les bœufs pour augmenter les
attelages des pieces plus conſidérables : on ſent quelle attention
les bouviers doivent avoir continuellement ſur leurs bœufs ;
& de plus, quelle force on doit oppoſer à une piece qui peſe
quelquefois au-delà de vingt milliers, pour la conduire doucement ſur une telle pente, & le long d'un précipice.

On avoit d'abord imaginé de ſuppléer aux bœufs de derriere,

dans ces endroits rapides, par des treuils posés de distance en distance, au moyen desquels on filoit des cables de retenue ; mais malgré les précautions que l'on prenoit, il pouvoit en arriver les plus grands malheurs ; on ne faisoit pas en deux heures, ce que l'on fait avec sécurité en un quart d'heure au moyen des bœufs, parce qu'au bout de chaque cable, il falloit s'arrêter pour reprendre à un nouveau treuil, ce qui arrivoit jusqu'à dix fois ; on faisoit une consommation prodigieuse de cordages, & il n'en falloit pas moins entretenir la même quantité de bœufs & de bouviers, parce qu'une fois sorti de ces pas rapides, il falloit toujouts descendre & retenir tout le reste du chemin : l'expérience a convaincu qu'il étoit plus expédient de faire aider les pieces par les attelages les unes des autres, comme nous venons de le dire plus haut, & les plus simples manœuvres, dans ces travaux pénibles, sont toujours à préférer.

Il arrive quelquefois qu'on est obligé d'enrayer, mais on le fait rarement, parce que cela perd les chemins & les roues, & on préfére, autant qu'on peut, d'augmenter dans ces momens le nombre des bœufs.

Lorsque l'on descend des arbres monstrueux (1) tels qu'il s'en rencontre, quoiqu'en petit nombre, dans chaque exploitation, on est obligé de conduire de l'eau pour rafraîchir les roues, & porter la machine à charger, pour changer les trains lorsqu'ils

____

(1) On en coupa un en 1767 dans le quartier de Barlagne, à la forêt d'Issaux, qui avoit plus de 5 pieds de diametre à sa culée, & 98 pieds de service. On trouva au milieu de sa souche celle d'un sapin d'environ six pouces de diametre, qu'il avoit enveloppé en croissant : la petite souche étoit encore verte, & on y distinguoit les coups de haches qui l'avoient autrefois coupée à 8 ou 900 ans de là, à en juger par l'âge du grand arbre. Il fallut faire un train exprès pour celui-ci, qui a depuis été employé à Toulon pour un Mât de misaine d'une seule piece.

[64]

ſe rompent : il n'y a pas un de ces arbres qui n'en briſe ſouvent
deux ou trois dans le trajet.

Le ſuccès du tranſport dépend ſur-tout de l'induſtrie de ceux
qui ſont chargés de gouverner les trains : cette manœuvre eſt
pénible & dangereuſe , & exige beaucoup d'expérience & de
force , pour ſuivre les différens cantons des chemins qui ſont
étroits en général, & où les coudes ſont quelquefois aſſez multipliés : la moindre négligence , ſur-tout aux endroits rapides ,
peut tout faire précipiter dans des abymes , arbres , bœufs &
conducteur. Pour cette opération , on commence par aſſurer
le timon de derriere , crainte qu'il ne varie trop, au moyen
d'une chaîne de fer qui le ſaiſit dans ſon milieu , & que l'on
arrête ſur le bout du Mât : on défait entiérement cette chaîne ,
& on l'allonge dans les tournans où le timon doit quelquefois décrire un demi-cercle : on ſe ſert pour gouverner de pluſieurs bouts de cordes attachés à l'extrêmité du timon : on diftribue pluſieurs bouviers à droite & à gauche , la force de la
piece en indique le nombre : deux ſuffiſent pour les pieces
ordinaires , on en met juſqu'à ſix aux plus fortes ; ces gens ſont
obligés de ſe tenir éloignés du timon, qui pourroit les écraſer
lorſque les roues évitent une pierre , changent d'orniere , ou
font quelques détours : lorſqu'il s'agit de faire éviter quelqu'obſtacle à la voiture , ou de lui faire prendre la ſinuoſité du
chemin, ils tirent les cordes du côté que la manœuvre l'exige ,
l'eſſieu tourne alors, & les roues prennent la direction convenable : on ſent que s'ils ſe trompoient, & qu'il tiraſſent les
cordes dans un ſens contraire à celui que demande l'occaſion ,
la piece & les attelages iroient ſe perdre , & qu'il faudroit bien
du travail, des manœuvres & du temps pour la retirer , dans le
cas où elle en vaudroit la peine.

Les trains qui ont ſervi à extraire la petite Mâture que l'on a

tirée

tirée de la forêt du Benou, étoient faits fur le même modele
que ceux qui font décrits Planche V, mais n'étant pas deftinés
à des fardeaux auffi lourds, ils étoient d'un plus foible échantillon : il y a encore cette différence que le train de devant
a feul un deffus pour tourner dans les finuofités du chemin ;
celui de derriere n'avoit qu'une fimple felette fur l'effieu ;
fon timon étoit attaché au bout des matéraux qui débor-
doient, il n'y avoit point de bouviers pour le gouverner ;
il prenoit de lui-même la direction que lui donnoit le train
de devant : on chargeoit ordinairement depuis trois jufqu'à cinq
matéraux fur un train, fuivant leur dimenfion ; il ne falloit
que deux paires de bœufs, une au timon de devant pour donner
le mouvement, & l'autre à un cable qui tenoit aux pieces pour
retenir par derriere : comme le chemin qui conduit à cette forêt
eft fur une pente égale, le tranfport fe faifoit facilement ; les
pieces fe chargeoient & fe déchargeoient avec beaucoup de
facilité, vu la foibleffe de leur échantillon.

Quant aux Mâts ordinaires, on fe fert d'une manœuvre par-
ticuliere pour les décharger lorfqu'il font arrivés au port d'Atas.
On s'eft d'abord fervi de chevres, qui demandent beaucoup de
monde & de temps ; mais on a depuis fimplifié cette opération au moyen de trois billots d'environ trente pouces de hauteur, & d'un grand levier ; on approche un de ces billots du
côté du petit bout de la piece ; on établit les deux autres
à droite & à gauche vers les deux tiers de fa longueur, à partir
du petit bout, où fe trouve ordinairement le centre de gravité ; ces deux billots fervent à porter une traverfe qui doit
foutenir le Mât en équilibre : on incline un peu la traverfe du
côté où on veut faire tomber l'arbre, & l'on place une pierre
qui doit lui fervir de cale pour le retenir jufqu'au moment où
l'on veut le jetter bas. Tout étant ainfi difpofé, on fouleve

le petit bout avec le levier, auquel le billot placé de ce
côté fert de point d'appui ; on retire alors le train de devant,
on lâche enfuite le levier, le Mât porte fur la traverfe des deux
billots pofés à fon centre de gravité, on retire par ce moyen
l'autre train, car en ôtant la cale qui arrête la pièce, le
moindre effort la fait tomber à terre : toute cette opération
eft l'affaire d'un quart d'heure pour les bouviers qui y font
exercés, à moins que l'arbre ne foit d'un échantillon très-
Planche IX. confidérable : la fimple Infpection de la Planche IX en doit
rendre fenfible toute la manœuvre.

CHAPITRE VI.

Des travaux de la riviere, relatifs à la flottaison.

LA riviere, ou plutôt le torrent qui porte les Mâts à Bayonne, a préfenté des difficultés d'un genre différent, mais auffi multipliées que celles de l'ouverture des forêts.

Ce torrent n'a pas communément en été plus d'un pied d'eau ; il en fournit deux à trois pieds dans la fonte des neiges, & c'eft le moment que l'on choifit pout flotter. Ses différentes fources, qui ne font pas éloignées du port où commence la navigation, defcendent avec la plus grande rapidité des montagnes les plus élévées, roulent avec elles des terres, des fables, des quartiers de rochers qu'elles déracinent, lorfque leurs eaux ont été gonflées par quelqu'orage confidérable dans l'été, ou qu'au primtemps la fonte des neiges fe trouve précipitée par un vent de fud : rien ne réfifte dans ces momens aux efforts des eaux & des pierres qu'elles entraînent. Si ces premieres fe trouvent augmentées par l'orage ou par la fonte des neiges audelà de trois pieds, les ouvrages font en partie détruits, & les campagnes voifines inondées & ravagées : les groffes pierres, dont font couvertes les terres les plus prochaines des montagnes, les plus petites que les eaux ont tranfportées fur celles qui en font un peu plus éloignées, les différens lits de fable & de terre étendus fur celles qui font au delà, atteftent les différens ravages occafionnés dans des temps différens par les débordemens ; ce qui fait que le fol des plaines voifines de ces montagnes s'éleve progreffivement. Au refte, il eft heureux que ces torrens ne fe trouvent pas encaiffés dans tout leur cours ; car n'ayant plus la force, à mesure qu'ils s'éloignent de leur source, de pousser au loin les débris dont leurs eaux font remplies, il s'en feroit un dépôt considérable, qui les forceroit de changer leur cours , & occasionneroit encore de plus grands dommages.

En 1770 où il tomba beaucoup de neiges, lors de la fonte ; la couche de terre qui couvre les montagnes, en à quitté quelques-unes entiérement , & a glissé depuis le haut jusqu'en bas ; d'autres parties se font affaissées considérablement , & il s'est formé de très - profondes crevasses : un chemin, dans la forêt d'Issaux , a baissé de quatre pieds sur plus de cinquante toises de longueur ; un autre , qui ne servoit plus depuis un an , a été emporté en entier, sans qu'il en soit resté le moindre vestige : tout cela prouve l'énorme quantité de débris que ces torrens transportent dans les grandes fontes ou débordemens.

Lorsqu'il a été question de flotter sur cette riviere , il a fallu d'abord lui former un nouveau lit , le resserrer pour rassembler les eaux épars dans les plaines ; l'élargir jusqu'à vingt pieds pour donner passage aux radeaux qui en ont quatorze de large, dans les passages qui n'avoient quelquefois que six pieds, entre deux rochers de trente pieds de haut ; le détourner tout-à-fait lorsqu'il y avoit des écueils à éviter ; soutenir la pente , lorsqu'il s'en trouvoit à franchir nécessairement.

On n'a pu y parvenir qu'à force d'escarpemens, d'épis, de digues , de traînées en pierres séches ou en fascines.

Il falloit sur-tout observer que la dépense de ces nouveaux travaux ajoutée à ceux de la forêt , n'enchérit pas la matiere au delà de sa valeur réelle : il falloit pour cela ne leur donner que le dégré de solidité relatif aux besoins & à la dépense ; s'attendre par conséquent à voir quelques-uns de ces ouvrages détruits par les efforts de quelque débordement , & avoir toujours des ressources prêtes pour remédier aux accidens.

En général, tous les ouvrages fe font en cunges; arrangés comme nous avons dit en parlant des chemins; on en forme des efpeces de caiffes de fix pieds en quarré; on les affure par des picquets de quatre pouces de diametre, frappés à la maffe dans des trous percés aux cunges de huit pouces en huit pouces; on garnit les caiffes d'un bordage en dedans, fur la face oppofée aux efforts de l'eau; on les remplit enfuite de groffes pierres pofées à la main : la derniere couche fe met de champ & fe frappe à la maffe. On garnit quelquefois de fafcines le pied de l'ouvrage pour le préferver du frottement des pierres que le torrent charrie, & empêcher que l'eau n'y creufe; malgré ces précautions, il eft rare dans les débordemens que le pied ne foit miné, que l'eau ne prenne les pierres en fous-œuvre, & ne vuide les caiffes, & qu'enfin l'ouvrage ne foit détruit : cela arrive fur-tout aux ouvrages dont l'objet eft de détourner le cours de la riviere.

Auffi, lorfqu'il s'agit d'établir des épis à cet effet, on ne doit leur donner que le moins d'oppofition poffible, en leur faifant faire avec la rive un angle de 140 degrés : on conftruit par reffauts ceux à qui on eft obligé de donner dix à douze toifes de longueur; de maniere que le premier foit plus large que les autres, & ne faffe, avec la rive, qu'un angle de 120 degrés: il commence à brifer le premier choc de l'eau, les autres continuent & augmentent l'effet, fans éprouver autant de réfiftance. Comme dans cette riviere, qui a peu de profondeur, la force de l'eau vient beaucoup plus de la rapidité que lui donne la pente de fon lit, que de fon volume, c'eft fur-tout à cette pente qu'il faut avoir égard pour l'emplacement à donner aux épis; car l'effet du même ouvrage feroit très-différent dans un endroit où le lit fe trouveroir plat, de celui qui en réful-teroit au deffous d'une pente un peu confidérable : cette différence fe voit fenfiblement lorfqu'on veut, par le moyen d'un épi, enlever un banc de quartiers de pierres ou de fable, comme il s'en forme ordinairement au milieu de la riviere dans les temps des débordemens, & qui font occafionnés par une groffe pierre, ou une fouche d'arbre, qui, venant à s'arrêter, retient enfuite celles qui fuivent, & forme en peu de temps un monceau qui détourne les eaux & arrête tout-à-fait la navigation.

Pour lors, dans un endroit rapide, il faut diriger l'épi vis-à-vis ce banc, & ne lui donner que peu d'oppofition au choc : la réflexion de tous les filets d'eau qui viendront fe brifer fur cet ouvrage, fera égale à l'angle que l'épi formera avec la rive, & la force qui leur eft communiquée par la rapidité de la pente, leur confervera cette même direction, fans qu'ils dérivent, pour ainfi dire, après s'être échappés. Voyez Planche VI, figure Ire, la pofition d'un pareil épi, avec le profil qui indique le moyen de donner à l'eau la moindre prife qu'il eft poffible pour garantir la face de l'ouvrage des affouillemens.

Planche VI. Fig. 1ere.

Si au contraire le lit fe trouvoit *plat* dans l'endroit où l'on veut exécuter la même opération, il faudroit placer l'épi audeffus du banc à enlever ; lui faire faire un angle prefque droit avec la rive & le prolonger davantage, parce qu'alors l'eau n'ayant d'autre force que celle de fon volume qui eft peu confidérable, la réflexion ne l'augmenteroit guere, & elle dériveroit de la direction que l'ouvrage doit lui donner dès qu'elle s'en échapperoit. Voyez Planche VI, figure 2, & le profil de cet épi d'une forme différente du premier, afin de mieux raffembler toutes les lignes d'eau dans un feul point.

Planche VI. Fig. 2e.

Il fe forme en très-peu de temps des bancs de gros graviers, fur lefquels les radeaux viennent à échouer : ceux de cette efpece font aifés à détruire très-promptement, & c'eft l'affaire des radeleurs : ils fe mettent à l'eau, pouffant devant eux des planches du radeau même qu'ils pofent de champ , & qu'ils foutiennent dans cet état avec des barres à main , dont un bout porte fur le fol de la riviere , & l'autre eft appuyé contre leurs épaules pour réfifter au courant : ils enfoncent ces planches le plus qu'ils peuvent en tenant un pied deffus : l'eau fe gonfle alors, & la rapidité avec laquelle elle s'échappe au deffous des planches , divife le gravier & l'emporte très-promptement ; mais ceci fort de l'objet des ouvrages dont je me fuis propofé de donner le détail.

Les principales obfervations à faire par rapport aux ouvrages qui doivent faciliter la navigation de cette riviere , & des autres torrens des Pyrenées , font à peu près les fuivantes.

1°. Les radeaux ont tous 13 à 14 pieds de largeur ; il leur faut par conféquent un paffage d'au moins vingt pieds dans les endroits les plus refferrés , pour l'aifance des manœuvres.

2°. Leur longueur n'eft pas la même ; quelques-uns ont juf-qu'à cent pieds ; il faut donc que tous puiffent fe mouvoir dans les tournans fans butter de l'avant ou de l'arrierre ; autrement ils brifent leurs rames, ne peuvent plus gouverner, & reftent à la merci des eaux.

Pout éviter cet inconvénient , il faut maintenir le cours de la navigation auffi droit que la nature des lieux le rend poffible , & bien arrondir les tournans de maniere que les radeaux qui les paffent très-vîte , puiffent décrire fans être gênés , un grand demi-cercle.

3°. On doit obferver de faire fauter toutes les pointes qui avanceroient trop fur le courant de l'eau , & de ne point laiffer déborder l'extrêmité d'un épi dans le fort du courant ; les radeaux pourroient le brifer , ou bien y échouer & effuyer des accidens confidérables.

4°. Il faut faire attention que dans les endroits même où l'eau étant plus éparfe, donne une moindre profondeur, elle peut fuffire, parce que la rapidité fupplée au volume. Les plus forts radeaux ne calent pas au delà de vingt pouces ; avec cette quantité ils paffent par-tout, & par leur rapidité ils franchiffent des paffages de feize & dix-huit pouces.

5°. Il feroit même très-dangereux d'augmenter le volume de l'eau dans beaucoup d'endroits, parce que la force augmentant en raifon du volume & de la rapidité, les Radeaux iroient trop vîte, ne pourroient plus être gouvernés, & courroient de gros rifques.

6°. Enfin on ne peut jamais rendre trop larges ni trop unis les paffages que l'on pratique dans les rochers par le moyen des mines à caufe des cavités, & des pointes qui s'y trouvent.

Il feroit impoffible de détailler ici une infinité d'autres petites obfervations qui fe préfentent d'elles-mêmes à mefure que le travail les fuggere, & qui n'échappent gueres à l'expérience.

Il y a certaines parties, comme celles, par exemple, dans lefqu'elles la riviere fe fépare en plufieurs branches après les innondations, où il feroit inutile de faire des ouvrages folides, parce qu'ils n'en feroient pas moins emportés au débordement fuivant : dans ces parties on raffemble plufieurs bras en un même lit, avec de fimples trainées en fafcines rangées bout à bout, & affurées avec des piquets, quelquefois feulement avec de groffes pierres que l'on trouve à la portée : ces petits ouvrages fe font chaque année au moment de la flottaifon ; ils coûtent peu, & fervent, pour l'inftant, auffi bien que d'autres plus confidérables auxquels plus de folidité n'affureroit pas une grande durée. (Voiez planche VI.)

On fait encore de ces branchages que l'on étend à terre, que l'on charge de pierres recouvertes d'autres branchages ; on lie le tout avec des hars, & cela forme ce que les gens du pays

appellent

appellent des *faumons* : on leur donne jufqu'à cinq & fix pieds de diametre ; ils fervent encore à fortifier quelques paffages maigres, ou à conftruire à la hâte quelques ouvrages momentanés lorfque l'on eft preffé par le temps.

Dans la proximité du port où il eft aifé de fe procurer des fafcines, on s'en fert à la conftruction des épis ; mais fouvent ils ne durent pas long-temps, parce qu'ils font brifés par le choc des pierres, ou entraînés entiérement ; ils font plus folides lorfqu'on enferme les fafcines dans des charpentes de cunges & qu'on les recouvre de pierres : ces derniers imitent ceux que l'on conftruit en tunes & fafcines fur les bords du Rhin : ils fe foutiennent affez, à moins que l'eau ne les prenne par deffous œuvre ; mais ils ne font plus praticables dès qu'on commence à s'éloigner de la forêt, parce que le tranfport des branches de hêtre les rendroit trop coûteux à dix lieues plus loin : d'ailleurs, comme ces parties font à fec pendant l'été, le bois feroit tout-à-fait pourri dans l'année.

Les ouvrages plus folides s'emploient à la conftruction des digues ou épis parmi les rochers ; on fe fert pour ceux-ci de palplanches attachées fur de longs fommiers, que l'on arrête fur le rocher avec des boulons de fer ; on y perce des trous avec des fleurets comme pour y faire jouer la mine, & on a foin que les boulons foient du même calibre : on arcboute le tout avec d'autres pieces également boulonnées ; quelquefois on trouve moyen d'incrufter ces bois dans la pierre même, & alors ils réfiftent aux plus grands efforts. Comme l'objet de ces digues n'eft que de détourner l'eau, ou de l'empêcher de fe perdre entiérement dans les ouvertures ou intervales des rochers, & qu'il importe peu qu'il s'en échappe quelque chofe, on ne met qu'un fimple rang de palplanches fans autre rempliffage. (voyez plan- Planche VI.che VI.)

K

J'ai conftruit plufieurs de ces digues qui font boulonnées dans le fond même de la riviere fur toutes les pointes de rochers ; elles ont refifté aux plus grands efforts de l'eau, parce que ne leur ayant donné de hauteur que ce qu'il en faut pour laiffer un libre paffage aux Radeaux dans le temps de la flottaifon, elles ne fe font point trouvées chargées d'un poids exceffif lors des débordemens, & que l'eau peut s'échapper facilement par deffus, toutes les fois qu'il y en a plus qu'il n'en eft befoin. En général, tous les ouvrages dont j'ai parlé ne doivent pas être exhauffés de plus de trois pieds au deffus du fol.

Il s'eft rencontré dans certaines parties de la Riviere, des rochers qui formoient des fauts en cafcades de cinq à fix pieds : il n'y avoit d'autre moyen que de les faire franchir aux radeaux, & pour qu'ils le puiffent faire fans danger, on a rendu ces rochers auffi unis qu'il a été poffible ; mais le fable que l'eau charrie continuellement, ayant rongé les veines plus tendres, ou s'étant infinué dans les joints des rochers qui étoient de marbre noir, y a en affez peu de temps formé des cavités de cinq pieds qui ont occafionné des tournoyemens dangereux. De plus, les parties les plus dures ayant formé des pointes où les radeaux venoient butter, on a été forcé, pour y remédier d'y faire des radiers en bois ; ces radiers font formés de grillages boulonnés dans le roc ; on les garnit enfuite en pierres feches, & on les recouvre de bordages épais de quatre pouces. Dans l'efpace de trois années tous ces bois ont été ufés par le fable, au point que les bordages n'avoient qu'un demi pouce d'épaiffeur, & des longrines de de douze pouces étoient réduites à trois. Le feul remede à cet inconvénient eft de renouveller ces ouvrages lorfqu'ils ne font plus en état de remplir leur objet.

La néceffité de paffer quelquefois d'une rive à l'autre dans le temps des débordemens, foit pour remédier à quelqu'accident, foit pour exécuter quelques travaux imprévus ; nous a fait imaginer une nouvelle efpece de pont dont je vais donner la defcription, perfuadé que la facilité de les conftruire très-promptement, pourra les rendre d'une grande utilité dans une infinité d'occafions, même à la guerre, pour porter des troupes de l'autre côté d'une riviere, dans un point où il feroit impoffible de raffembler des bateaux, pourvu toutefois que l'on fût affez éloigné de l'ennemi pour qu'il ne troublât pas ce travail ; il faut en fuivre la conftruction fur les différentes figures de la Planche VII.

On commence par raffembler une provifion de piquets ou pieus bien affilés par un bout, de quatre pouces de diametre ; dont la longueur fera proportionnée à la profondeur de l'eau, avec un excédent de fix pieds, defquels il en entrera environ trois en terre, & le furplus formera l'élévation du pont au deffus de la furface de la riviere ; en même temps d'autres ouvriers préparent quelques bouts de bordages épais de cinq à fix pouces, & d'une longueur proportionnée à la largeur que l'on veut donner au pont dont ils doivent former les travées : ils percent à ces fommiers de pied en pied des trous de quatre pouces ; on fe procure en outre cinq à fix bordages de trente-fix à quarante pieds de long, lefquels ne font point deftinés à entrer dans la conftruction du pont, mais feulement à faciliter le travail.

On en établit deux à côté l'un de l'autre qui portent d'un bout fur le rivage, & que l'on fait avancer de l'autre d'environ douze pieds fur la riviere : on place fur la partie qui porte à terre un nombre d'hommes fuffifant, ou des pierres, pour empêcher que le poids qui chargera l'autre partie pendant le travail ne les emporte. Au moyen de ces deux bordages, ceux qui porteront le premier fommier s'avanceront à douze pieds du rivage où ils placeront cette travée, dans l'alignement du fil de l'eau, & l'affureront avec deux piquets frappés à la maffe de bois, à trois ou quatre pieds l'un de l'autre : lorfqu'ils feront bien enfoncés, on fera à chacun une entaille fur laquelle portera le fommier que l'on affujettira au moyen d'un coin de bois, chaffé derriere le piquet du côté oppofé à l'entaille ; (Planche VII, figure premiere) : on placera enfuite fur cette premiere travée les extrêmités des deux bordages qui auront fervi à la conftruire, & on les allongera de maniere qu'ils n'aient plus qu'un pied de portée fur la rive, où il faudra les charger confidérablement.

Sur ces deux bordages, on en fait gliffer un troifieme que l'on pouffe fur l'eau, de façon qu'il les déborde de la moitié de fa longueur au moins ; on le fouleve à l'extrêmité des deux premiers bordages, en mettant deffous une groffe pierre ou un bout de bois, pour lui faire faire un arc, & empêcher que le bout qui eft en avant n'entre dans l'eau quand il fera chargé : on range quelques hommes fur la partie portée par les deux bordages, & un ouvrier adroit s'avance à l'autre extrêmité avec le fommier qui doit faire la feconde travée ; il y enfonce deux picquets qu'il affujettit comme à la premiere, & aident à repaffer le bordage par deffus le fommier. (Planche VII, figure 2.) On répete fucceffivement la même opération jufqu'à ce qu'on foit arrivé à l'autre bord, plaçant ainfi des travées à trente pieds l'une de l'autre, & arrivant toujours à la fuivante au moyen des bordages que l'on fait gliffer en avant : pendant ce travail, qui demande les ouvriers les plus adroits, les autres frappent des piquets dans tous les trous des fommiers déja placés, pofent des arbres d'une travée à l'autre & les y affurent avec de fortes harres, établiffent des branchages en travers fur ces arbres, & recouvrent ces branchages de terre.

Ces ponts réfiftent facilement aux efforts de l'eau, à laquelle

ils ne préſentent preſque point de priſe, & ils ſont de la plus
grande ſolidité ; je leur ai vu porter des charges de quatre milliers
ſans le moindre inconvénient. C'eſt de cette maniere qu'il en
avoit été conſtruit un au port d'Atas qui communiquoit avec
la grande route d'Eſpagne : il avoit deux cens pieds de long ;
il a réſiſté pendant trois ans à de grands débordemens & au
choc de pluſieurs arbres qui s'y ſont accrochés, & il portoit
journellement des fardeaux conſidérables : ou pourroit oppoſer
aux arbres ou autres matieres que l'on jetteroit au deſſus d'un
tel pont, dans l'intention de le détruire, des avant-becs à
chaque travée, (voyez le profil, Planche VII,) tout s'y arrê-   Planche VII
teroit, & il feroit aiſé enſuite de les débarraſſer.

Pour augmenter la ſolidité d'un pareil ouvrage, on pourroit
placer au deſſous de chaque travée une ſemelle percée de trous
correſpondans à chacun de ceux du ſommier, & ayant des
dimenſions égales ; cette ſemelle contiendroit tous les piquets
par le pied, de maniere qu'il faudroit, pour détruire l'ouvrage,
que tous partiſſent enſemble. Pour parvenir à placer cette ſemelle, on la ſuſpend à fleur d'eau, à l'extrêmité du bordage,
pour y faire entrer le premier piquet, qui l'aſſujettit en la faiſant
plonger à meſure qu'on l'enfonce ; le ſecond piquet la met
enſuite dans l'alignement & la contient tout-à-fait.

On s'y prend à peu près de la même maniere pour établir les
premieres pieces d'un épi que l'on eſt forcé de conſtruire pendant un débordement, pour empêcher les eaux de s'étendre dans
certaines parties, & pour leur faire prendre le cours qu'exigent
les circonſtances ; pour parvenir à mettre ces ſemelles en place,
on les ſoutient au deſſus de l'eau au moyen de quelques bordages
ou autres pieces de bois, juſqu'à ce qu'elles ſoient aſſujetties
par les premiers piquets : comme les grands courans oppoſent
une forte réſiſtance, on a ſouvent beaucoup de peine à les en-

foncer ; & il faut pour ces travaux des hommes habitués à travailler fur l'eau , & à qui l'expérience ait déja donné toute l'induſtrie que ces ouvrages exigent ; il eſt fur-tout difficile de bien aſſurer les premieres femelles , parce que l'eau mine continuellement au deſſous ; mais on prend le parti de les contenir avec des cordages. En général, tous ces ouvrages paſſagers dont l'objet eſt d'empêcher la deſtruction de ceux qui doivent durer quelque temps & de remédier à des criſes momentanées ; doivent être exécutés avec la plus grande promptitude ; car les eaux des débordemens détruiſent très - vîte , ou occaſionnent des dépôts qui comblent tous les paſſages , & les digues qui font toutes faites en cunges , fe détruiſent bientôt dès qu'elles font une fois entamées ; le courant bouleverſe toutes les pierres , les caiſſes fe vuident , les pieus reſtent en l'air avec le reſte de la charpente ; mais le torrent fe fraie un paſſage , & détruit tout le reſte , ſi le fecours n'eſt pas donné à propos.

Le fol & la plus grande partie des bords de cette riviere ; n'étant compoſés que de gros graviers & de pierres , il eſt impoſſible de trouver des baſes folides pour y établir des ouvrages dont la durée puiſſe être aſſurée contre les débordemens.

On doit toujours obſerver de ne donner à ces ouvrages que les proportions qu'exigent leur établiſſement ; ſi on leur faiſoit oppoſer aux efforts de l'eau une force trop conſidérable , la réflexion des filets d'eau fe prolongeant très-loin , leur feroit endommager les rives oppoſées , & occaſionneroit par conſéquent un changement de lit très-préjudiciable aux terres des particuliers : on évitera cet inconvénient , ſi tout ce que l'on conſtruit tend à entretenir ou même redreſſer le cours du torrent, & empêcher qu'il ne ferpente.

Les digues que l'on eſt obligé de conſtruire dans les tournans un peu conſidérables , afin d'aider les radeaux à gliſſer & de les empêcher de buter contre le rivage, doivent préfenter le plus grand talut poffible & une face très - baffe du côté de l'eau : fa très-grande rapidité rend ces paffages dangereux; les radeleurs ont à peine le temps de manœuvrer, & pour peu que le radeau bute de l'avant, les aîles où les rames fe brifent, il va échouer à l'aventure, & les hommes courent rifque de périr : il eft donc néceffaire d'employer dans la conftruction de ces digues, toute l'induftrie capable de diminuer les inconvéniens ; les efforts de l'eau & le choc des radeaux auxquels elles font en bute obligent d'y employer la plus grande folidité ; on les fait partie en charpente incruftée dans le rocher, partie en pilots & en cunges, fuivant la nature du local ; on les recouvre enfuite en bordages, tant pour les rendre plus folides que pour faciliter le paffage des radeaux qui gliffent plus facilement. (Voyez Planche VI, figure 3.)

Planche VI, figure 3.

De tous les travaux de la riviere, il n'en eft point qui exigent plus de précautions que les *paffelis* ; ce font des ouvrages que les propiétaires de moulins font obligés de conftruire dans leurs digues pour donner un libre paffage aux radeaux. Comme l'eau a peu de profondeur, on eft obligé dans ces cantons d'élever des digues d'environ fept pieds, qui traverfent toute la riviere & élevent les eaux au point néceffaire pour avoir les chûtes convenables : on a imaginé, pour faciliter la navigation, fans détruire les moulins, de faire des ouvertures à ces digues.

La premiere regle à obferver pour les bien établir, c'eft de les placer dans l'endroit de la digue où le courant porte plus naturellement, afin que les radeaux s'y préfentent d'eux-mêmes & fans manœuvre forcée. La feconde, eft que les fuyans foient bien alignés avec le paffelis, qu'il ne s'y rencontre ni bancs ni rochers, & que le fort de l'eau qui s'échappera par ce paffage ne porte pas fur les terres voifines, crainte de les endommager :

on ne doit jamais les placer dans le milieu des digues ; il en résulte mille inconvéniens, mais toujours sur le bord de la rive la plus commode.

On appelle *bajoïer* les deux côtés du paffelis, & *radier* le fond sur lequel coule l'eau qui s'échappe du paffelis. Un Arrêt du Conseil de 1696, donné pour les Généralités d'Auch & de Béarn, qui sont à peu près les seules Provinces où l'on connoiffe ces sortes d'ouvrages, regle à 24 pieds, d'un bajoïer à l'autre, la largeur de ces ouvertures. Quant à la longueur du radier, elle n'est pas fixée ; mais on la détermine d'aprés la hauteur de la digue, & la meilleure regle doit être de leur donner quatre pouces de pente par toise ; ainsi à une digue de six pieds, le radier aura quatre pieds de pente, parce qu'il faut au moins un pied d'eau dans le paffelis, & on leur donne un pied de chûte ; ainsi un tel radier auroit douze toises de longueur. Les bajoïers seront élevés de six pieds au deffus de la digue & du radier, afin qu'on puiffe les appercevoir dans les grandes eaux. (Voyez Planche VIII, figure premiere, le plan & le profil d'un paffelis en maçonnerie, dont le radier a cinq pouces de pente par toise, tel qu'on les a exécutés ci-devant.)

Plan. VIII, figure Ire.

Dans certaines parties ou la riviere formoit une isle, les propriétaires des moulins ont fermé un bras pour augmenter l'eau de l'autre, & ont conftruit leurs digues sur ce dernier. A ces digues, les ouvertures des paffelis sont placées le long de l'une des rives & de celle qui est la plus dangereuse, parce que les radeaux sont obligés de tourner fort court pour bien enfiler le paffelis : quand les eaux sont fortes, ils sont quelquefois entraînés dans le canal du moulin, ou sur les digues qu'ils sont forcés de franchir avec beaucoup de risque. Pour obvier à ces inconvéniens, on a fait planter à la tête du bajoïer, qui se trouve du côté du moulin, des

pilots

pilots de garde ; dont l'objet eſt de forcer les radeaux à enfiler le paſſelis. Voyez Planche VIII, figure 2. Mais on pourroit remédier à cet inconvénient en prolongeant ce bajoïer de ſix pieds, au lieu des pilots de garde, & en échancrant l'autre bajoïer, comme il eſt marqué ſur la figure 3 ; ce qui fourniroit beaucoup plus d'eau dans le paſſelis, & détermineroit les radeaux à s'y préſenter naturellement.

Figure 2;

Figure 3;

Les paſſelis ſe conſtruiſent ordinairemenr des mêmes matieres que les digues où ils ſont placés ; ils ſont en maçonnerie, lorſque le ſol de la riviere s'étant trouvé de rochers, a forcé de conſtruire les digues en maçonnerie ; mais comme la plus grande partie des digues eſt en bois & en cunges de chênes, il ſe trouve auſſi un plus grand nombre de paſſelis conſtruits de cette maniere : on arrange les cunges comme on le voit ſur la Planche VIII ; on les multiplie pour augmenter la ſolidité de ces ouvrages qui fatiguent beaucoup. D'après ce que j'ai déja expoſé des ravages que cauſent les débordemens, ſoit par la force du volume des eaux, ſoit par leur rapidité, ſoit enfin par les débris de toute eſpece qu'elles entraînent alors, il eſt aiſé de ſentir quelle attention les propriétaires doivent avoir à bien entretenir leur digues ; mais auſſi quand elles ont une fois réſiſté aux premiers débordemens, le lit de la riviere ſe garnit de ſable & de pierres juſqu'à leur niveau, ce qui les rend naturellement plus ſolides. Il en réſulte que ce même amas ſe prolongeant fort loin au deſſus de la digue en remontant, juſqu'à ce qu'il ait regagné le même niveau, le courant devient bien moins fort à leur approche, ſur-tout quand le moulin eſt un peu éloigné.

La chûte des paſſelis ſe terminoit ci-devant avec le radier ſur le lit de la riviere, & là les eaux trouvant moins de réſiſtance avoient creuſé ſi conſidérablement qu'il ſe trouvoit à la plupart une nouvelle chûte de plus de quatre pieds, & à

L

quelques-uns jufqu'à vingt pieds : les radeaux fortant avec rapidité du paffelis, alloient buter au fond de la riviere d'où l'on ne pouvoit fouvent les relever qu'avec beaucoup de peine & de dangers, à caufe du volume d'eau dont ils fe trouvoient couverts ; quelques-uns fe font même retournés dans leur longueur, (fur-tout les radeaux de bordages.) On a imaginé d'y remédier par des plates-formes conftruites au pied de chaque paffelis, pour amortir l'effort de l'eau & l'empêcher de creufer. On nomme ces plates-formes des *chaufferons* : il fut rendu une Ordonnance en 1766 pour obliger les propriétaires des digues d'en faire conftruire au pied de leur paffelis : le chaufferon doit avoir dix-huit pieces de long & la même largeur que le paffelis ; c'eft un grillage pofé fur le fol auffi bas qu'il eft poffible, & arrêté ou par des cunges & des pieux, ou par des pilots ; on le garnit à pierre feche, que l'on recouvre enfuite en bordages de chêne de trois pouces d'épaiffeur : depuis cette invention les radeaux fortent du paffelis fans inconvéniens, fur-tout dans les eaux baffes ; leur tête portant fur le chaufferon, gliffe deffus & fe releve facilement. (Voyez Planche VIII, figure 1, 2 & 3.)

Plan. VIII, fig. 1, 2 & 3.

J'ai tâché d'expofer d'une maniere claire le détail des différens ouvrages qu'il a fallu exécuter pour parvenir à rendre facile la navigation de cette riviere ; il faut fouvent les renouveller, tant à caufe des accidens qui les détruifent en tout ou en partie, qu'à caufe de la mauvaife qualité des matieres qu'on eft forcé d'y employer. Comme il n'y a prefque point de chêne dans cette partie des Pyrénées, on eft obligé de fe fervir de hêtre & de billons de fapins que l'on paffe au moulin à fcie pour les réduire en bordages dont on prend le rebut ; tous les pieux font de hêtre ou de buis, de forte que l'entretien en eft coûteux par rapport à la main d'œuvre ; mais cet inconvénient eft inévitable ; le feul moyen de le diminuer eft de veiller aux réparations, de les faire promptement avant qu'elles deviennent plus confidérables, & d'avoir toujours pour cela des provifions de matériaux prêts à mettre en œuvre.

Je ne parlerai point des différens efcarpemens qu'il a fallu faire dans le roc pour élargir un grand nombre de paffages : ces opérations font fimples, & dès qu'elles font une fois faites, elles le font pour toujours.

Je finirai ce chapitre en difant deux mots de la maniere dont on s'y prend pour nettoyer le lit de la riviere à la fin de la flottaifon, quand les eaux commencent à baiffer. Lorfque la fonte a été confidérable & que la riviere a charrié beaucoup de débris, le lit fe trouve embarraffé de quantité de gros quartiers de pierres qui arrêtent les radeaux, & que l'on range de côté fur les bords auffi-tôt que les eaux le permettent : pour cela on choifit de beaux jours, & on diftribue les radeleurs dans les endroits qu'on veut nettoyer ; chacun d'eux eft muni d'une barre à main pour retourner les pierres & les mouvoir ; ils ont en outre des dragues & des crochets à trois branches avec de longs manches pour enlever les pierres ordinaires & les arracher du fond de l'eau : comme il ne fe trouve guere que quatre lieues de courant, de diftance en diftance qui foient fufceptibles de fe garnir ainfi, cette opération eft bientôt faite & dure environ dix journées ; elle eft inutile dans les années ordinaires où la fonte eft moins confidérable, parce que la riviere roule peu de débris, & que fon lit refte à peu près dans fon état naturel.

CHAPITRE VII.

De la conſtruction des radeaux.

Pour conſtruire commodément les radeaux & en tenir toujours un certain nombre prêt à flotter, ſoit à la fonte des neiges, ſoit dans les crues d'eau qui arrivent quelquefois dans l'été, on a creuſé au port d'Atas un grand baſſin, long de trois cens pieds, ſur cent de largeur, & cinq de profondeur, dans lequel on tient les radeaux à flot, après avoir aſſemblé les pieces qui les forment.

Ce baſſin reçoit l'eau d'un moulin à ſcie qui ſe trouve au deſſus; elle y eſt introduite par deux écluſes placées à l'extrémité ſupérieure : les radeaux ſortent de ce baſſin par une grande écluſe à deux vanteaux de vingt pieds de largeur, conſtruite à l'autre extremité; & ils vont gagner la riviere par un canal de deux cens toiſes de longueur ſur vingt pieds de large & trois de profondeur, dont les bords & le fond ſont faits en cunges. A vingt pieds au deſſous de la grande écluſe, on a placé une porte buſquée qui ſert à retenir l'eau pour pouvoir fermer les vantaux de l'écluſe; celle-ci ſe ferme par le moyen d'une groſſe baſcule de fer, d'un pouce & demi quarré, qui entre dans le radier; elle eſt traverſée par le haut d'un bras qui joint les deux vantaux enſemble, & tient à la premiere entre-toiſe par un boulon : comme le bras ſert de levier pour lever la baſcule, lorſqu'il s'agit d'ouvrir le baſſin, il eſt recourbé à l'une des extrêmités; ce qui forme une tête ſur laquelle on frappe pour faire jouer la baſcule. Avant cette opération, on commence toujours par ouvrir les portes buſquées, au moyen de quoi l'éclufe foutient feule l'effort de l'eau du baffin ; & dès que la bafcule eft levée, les vantaux s'ouvrent avec vîteffe & laiffent un libre paffage aux radeaux.

On a toujours foin de faire fortir les radeaux à quelque diftance les uns des autres, à caufe. de la rapidité de l'eau occafionnée par la pente du canal, & augmentée par la hauteur du baffin ; fans cette précaution ils pourroient s'aborder, ou monter les uns fur les autres, comme cela eft arrivé quelquefois au débouché du canal, lorfque le premier radeau s'arrête à l'entrée de la riviere. Le baffin contient environ neuf mille pied cubes d'eau, & fe remplit dans quarante minutes ; il ne fournit d'eau que ce qu'il en faut pour faire fortir d'une feule fois trois radeaux de mâts, ou au plus quatre de matéreaux & de bordages, après quoi on le referme ; ce qu'on eft auffi obligé de faire dès qu'on s'apperçoit qu'un radeau eft échoué au deffous du port, furtout dans les baffes eaux : quand on le rouvre, dans ce dernier cas, le radeau fe releve & part fur le champ, au moyen des manœuvres convenables dont nous parlerons dans le chapitre fuivant.

La fituation du port d'Atas exigeoit la conftruction de ce baffin : mais il ne s'enfuit pas que dans toute autre pofition, pour l'exploitation d'une nouvelle forêt par une autre riviere, il foit néceffaire d'en pratiquer un femblable ; on épargneroit cette dépenfe fur une riviere qui fourniroit plus d'eau, & dont les bords feroient d'un accès facile pour y conduire les pieces ; il fuffiroit d'y former une enceinte avec des pilots, & de la fermer avec une fimple porte d'eau qui ferviroit de paffage aux radeaux ; tous ces pilots feroient joints enfemble par un chapeau qui n'en feroit qu'un feul corps, & les mettroit en état, par la réunion de leurs forces, de réfifter au choc des pierres & des troncs d'arbres amenés par les débordemens ; on

auroit de plus l'attention de proportionner la hauteur des pilots
à la plus grande crue des eaux, pour qu'ils puſſent garantir
en tout temps les Mâts qui s'y trouveroient renfermés.

Avant de mettre les Mâts à l'eau pour en former des radeaux
dans le baſſin, on appareille enſemble ceux qui ſont à peu
près de même longueur ; leur échantillon détermine le nombre
des pieces qui doivent compoſer le radeau ; par exemple à un
Mât de trente palmes, (1) on en joindra deux autres de 22 à
24, ſuivant la longueur & la force de l'eau : ſi les pieces ſont
moins groſſes, on en aſſemble 4, 5, & quelquefois juſqu'à 8,
ſi l'échantillon eſt encore moindre.

Après le choix des Mâts, on leur fait au petit bout un échancrure longue d'environ vingt pouces, dont la profondeur eſt
déterminée par la groſſeur de la piece ; cette échancrure eſt
deſtinée à recevoir des perches longues de quatorze pieds ſur
cinq à ſix pouces de groſſeur que l'on nomme *barriers* ; elles
ſervent à aſſujettir la tête du radeau. Au deſſous de l'échancrure,
on taille les pieces en bec de flûte pour faciliter le paſſage des
radeaux ſur les têtes des rochers, les faire gliſſer ſur les pierres
roulantes, & empêcher qu'ils ne butent. (Voyez Planche III,
figure premiere, le petit bout d'un fort gros Mât ainſi ajuſté
& percé de pluſieurs trous de tarriere pour y paſſer les premieres harres qui doivent lier le radeau.) Avant de déterminer ſur
quel ſens ſe doit faire l'échancrure dont je viens de parler, on
examine la configuration de la piece ; ſi elle décrit un courbe,
on cherche à lui donner dans l'eau une poſition convenable,
& qui la faſſe moins plonger : ſi par exemple, dans une groſſe
piece, il ſe trouve une courbe vers le bout le plus fort, on

Planche III,
figure Iʳᵉ.

---

(1) La palme eſt une meſure Allemande que l'on emploie pour exprimer les proportions des Mâts : elle eſt compoſée de 13 lignes du pied-de-roi.

la tourne de maniere que la courbe fe trouve de côté , & on pouffe l'attention jufqu'à la placer à l'oppofé des tournans dangereux de la riviere, afin de faciliter le paffage du radeau : fi la piece eft petite , on met la courbe en haut , & on la contient avec les pieces des côtés pour redreffer le radeau & faire qu'elle tire moins d'eau : la coupe de l'échancrure détermine la pofition de chaque piece ; dès qu'elle eft faite, on les met toutes à l'eau pour les affujettir enfemble.

Il eft néceffaire que les pieces de chaque radeau foient à peu près de la même longueur , pour que les rames que l'on place fur le derriere, foient, autant qu'il eft poffible , dans le même alignement & manœuvrent enfemble : à cet effet , lorfqu'il eft impoffible de raffembler des Mâts de longueur égale, pour y fuppléer on met à la tête du radeau des bordages épais fur lefquels on attache avec de grandes cheville les Mâts les plus courts, afin que ces deux longueurs faffent enfemble celle du plus long Mât qui entrera dans le radeau.

Aux Mâts ainfi préparés on joint , pour compléter le radeau , des bordages de 36 à 40 pieds de long, fur 1 de large, & 6 à 8 d'épaiffeur , taillés à leur partie antérieure en bec de flûte comme les Mâts , & pour les mêmes raifons : on en place trois ou quatre de chaque côté à la tête du radeau pour former les *ailes* ; ils fervent à élargir cette partie , & à foulager le tout en diminuant le tirant d'eau : on fent fur-tout leur utilité dans les tournans un peu courts , où la tête du radeau portant fur le gravier de l'une des rives, ces ailes qui tirent très-peu d'eau le foutiennent & l'empêchent d'échouer, & fur les bancs de fable qu'elles aident à franchir , parce que leur volume augmente la fupériorité de l'eau ; c'eft fur les ailes que fe placent une partie des radeleurs pour manœuvrer ; le tout forme enfemble une largeur de 13 à 14 pieds ; elle eft fuffifante pour la manœuvre,

& on ne peut l'excéder, à cauſe des tournans, des paſſages étroits, & ſur-tout de la dimenſion des paſſelis.

On ſe ſervoit d'abord, pour former les ailes, de pieces de hêtre refendues à la forêt & qui, arrivées à Bayonne, n'étoient plus bonnes à rien : on a depuis imaginé de ſe ſervir de bordages doubles de ſapin, que l'on refend enſuite dans les ports pour les ponts des vaiſſeaux ou autres ouvrages, & que leur légereté rend en outre plus commodes pour la flottaiſon.

Les différentes pieces du radeau préparées comme je l'ai dit, & miſes à l'eau dans le baſſin, on les arrange en mettant les plus gros Mâts dans le milieu & les autres aux côtés ; ceci ſe fait ſur les bords du baſſin, afin que les ouvriers puiſſent travailler plus commodément & ſans ſe mettre à l'eau : enſuite on arrête ſur le premier barrier les bordages des ailes avec des harres ; on en emploie ſix à chaque bordage pour cette premiere opération ; on laiſſe entre chacun deux pouces d'intervalle ; on arrange enſuite les Mâts ſur le barrier, en les eſpaçant de maniere que le radeau ſe trouve auſſi large à leur petit bout qui forme la tête, qu'à l'autre. Les trous percés dans l'échancrure des Mâts ſervent à paſſer les harres qui doivent les aſſujettir au barrier : on en fait enſuite de nouveaux qu'on ne perce qu'au moment d'y paſſer de nouvelles harres qui ſont deſtinées à le ſaiſir avec encore plus de préciſion ; ces trous ſe percent de biais à chaque côté de l'échancrure, & on fait une entaille au deſſous pour y loger les harres qui ne doivent point paroître ſous le radeau, ſans quoi elles ſeroient bientôt coupées par le frottement, & la tête du radeau ne tiendroit plus à rien : celles que l'on place dans le milieu de l'échancrure ne tra-verſent pas ſous le Mât ; on les retient avec des coins de bois frappés à grands coups de maſſe.

Le premier barrier ainſi poſé, on en met un ſecond en avant

que

que l'on affujettit de même, puis un troifieme qui n'eft arrêté à chaque piece que par deux harres : on en ajoute un quatrieme quand les eaux font fortes. On prend toutes les précautions néceffaires pour rendre les radeaux auffi folides que l'exige la nature du torrent, que fa pente, le peu de largeur de fon lit, & la force de fes eaux qui defcendent de la cime des montagnes, rendent affez dangereux : pour en augmenter auffi la folidité, on attache encore tous les Mâts enfemble à trois ou quatre pieds de la tête, par le moyen d'un cordage de trois pouces de diametre, qu'on nomme *gargouille*, paffé dans des chevalets : on nomme *chevalet* de bons anneaux de fer joints à une douille en langue de chat, longue de fix pouces, que l'on frappe dans les Mâts : on en place un de chaque côté des pieds, & un troifieme au milieu fur le deffus ; on fait un nœud à la gargouille à chaque anneau, & on arrête fes extrêmités fur les ailes avec des crampons de fer ; on place une pareille gargouille, & avec les mêmes moyens, à la queue du radeau, elle fert feule à les contenir dans cette partie : on obferve de ne point trop ferrer les Mâts l'un contre l'autre, & de leur laiffer affez de jeu pour pouvoir dégager les pierres qui peuvent entrer dans les intervalles, ce qui fe fait en remuant les pieces l'une après l'autre.

Pour que les radeleurs manœuvrent avec aifance, & puiffent fe retourner facilement, on conftruit un pont à chaque extrêmité du radeau avec les planches que l'on fait fcier pour le befoin des ports ; on les arrête par les bouts avec des harres qui tiennent à deux grandes perches minces & pliantes qu'on appelle *barres de pont*, & qui prennent le contour du radeau, toujours plus élevé dans fon milieu que fur les ailes : elles font attachées fur les Mâts avec des harres paffées dans des crampons de fer. Le milieu de chaque pont fe place à douze

M

pieds des extrêmités du radeau ; on met d'autres planches en long dans les intervalles de la jonction de chaque Mât , affujetties par des harres à des crampons de fer , pour fervir à la communication d'un pont à l'autre dans la manœuvre : on fait encore un efpece de pont au milieu du radeau , avec des planches deftinées à fervir aux befoins imprévus ; c'eft fur ce pont que les radeleurs fe refugient , après avoir arrêté leurs rames à des harres deftinées à les retenir élevées dans ces occafions , crainte qu'elles ne fe brifent lorfque les radeaux fautent un paffelis ou quelqu'autre mauvais pas : c'eft au milieu de ce pont qu'on enfonce dans les Mâts deux douilles de fer à quatre pieds l'une de l'autre , dont chacune porte un morceau de bois de quatre pieds environ , traverfé en haut par une troifieme qu'on y attache avec des harres ; cette traverfe fert à attacher les hardes & les vivres des radeleurs.

Les rames dont on fe fert pour gouverner les radeaux ont environ vingt pieds de long , & cinq à fix pouces d'épaiffeur dans leur milieu ; la partie qui entre dans l'eau eft plate & faite en lame de fabre extrêmement recourbée à la pointe , du moins pour les rames de l'avant , qui , fans cette précaution , pourroient bleffer les radeleurs toutes les fois qu'elles feroient arrêtées par quelque pierre , ou par le fond même de la riviere : le milieu eft quarré , & l'extrêmité que tiennent les radeleurs eft arrondie & finit en pointe : on les fait plus ordinairement en hêtre ; celles de fapin valent cependant mieux , en ce que , dans les mêmes proportions., elles ont plus de légéreté , & font plus faciles à manier. (Voyez Planche III , figure 2.)

Planche III, figure 2.

On met à un radeau de Mâts d'un gros échantillon fept ou huit rames à l'avant , & quatre ou cinq à l'arriere , & à ceux de Mâture ordinaire , huit à dix en total ; on en met toujours une ou deux de rechange en cas d'accident : dans les fortes

eaux ont met trois ou quatre hommes de plus que de rames
fur les grands radeaux pour relever ceux qui font fatigués.

Chaque rame eft portée par deux *ramieres* , on nomme ainfi
deux bâtons d'un pouce & demi de diametre, long de trente
pouces, que l'on fait entrer à force dans des trous percés pour
cela à deux pieds de l'extrêmité de chaque Mât, & à cinq pouces
d'intervalle : on entortille dans ces bâtons une harre fur laquelle
pofe la rame : on repaffe une feconde harre fur la rame pour
empêcher qu'elle ne forte dans la manœuvre. Ces ramieres font
arrêtées de chaque côté par d'autres harres en forme d'étais,
attachées avec des crampons pour les empêcher de vaciller :
on place les ramieres à deux pieds environ l'une de l'autre ;
comme les ailes font plus baffes que le milieu du radeau , on
donne un peu plus d'élévation aux rames qui s'y trouvent
placées , afin que toutes foient à peu près dans le même niveau.

On ajoute aux grands radeaux deux pieces que l'on nomme
nageoires ou *ambaftes ;* ce font deux bordages de quarante à
quarante-cinq pieds de longueur, fur un de largeur, & fix
pouces d'épaiffeur : on les place de chaque côté du radeau fur
l'arriere ; elles font deftinées à relever le radeau lorfqu'il
échoue , & c'eft ce qu'il y a de mieux entendu dans cette navigation.

Ces nageoires font arrêtées par un bout fur le milieu de
la longueur du radeau , à un bout de corde paffé dans un
chevalet : on laiffe à cette corde le jeu fuffifant pour retourner
la piece lorfque le cas l'exige ; on paffe à l'autre une corde
d'environ dix braffes de longueur, qu'on nomme *corde d'ambafte* , qu'on arrête à la gargouille de l'arriere du radeau : dans
une navigation tranquille , on releve les nageoires par un bout
fur le milieu du radeau ; on verra dans le chapitre fuivant de
quel ufage elles font.

Lorſque les Mâts ſont de gros échantillon & que les eaux ſont baſſes , on ajoute deux autres nageoires que l'on amare ſur le devant à la tête du radeau , & qui ſont rangées le long des ailes; mais ce cas eſt rare , leur principale deſtination étant de ſoulager l'arriere, parce que comme le plus gros bout des Mâts eſt toujours à cette partie , c'eſt celle qui échoue la premiere.

Chaque radeau porte une corde d'environ trois pouces de diametre , longue de douze braſſes , attachée à ſa gargouille d'avant ; elle ſert à amarer dans les endroits où l'on s'arrête; on l'appelle *corde maîtreſſe* ; on en met deux aux radeaux de gros échantillon.

On place ſur chacun une certaine quantité de barres à main de quatre pieds ſix pouces de long : on en met ordinairement une par radeleur ; elles ſervent à différentes manœuvres , ſoit pour ſoulever le radeau lorſqu'il échoue , ſoit pour faire jouer chaque Mât lorſqu'il porte ſur quelque pierre roulante , ſoit enfin pour ſoulever les parties qui ſe trouvent engagées. Voyez Planche IX le deſſein d'un grand radeau , avec les noms de toutes les pieces qui le compoſe.

Planche IX.

On forme encore des radeaux d'un autre eſpece qu'on nomme de *petites Mâtures* compoſés de matéraux , d'épars doubles & ſimples , de pieds droits & de manches de gaffes; on ne les flotte que dans les eaux baſſes , & il faut bien moins de pré-cautions pour les aſſembler : comme le petit bout de ces pieces eſt ordinairement fort pointu , c'eſt à leur gros bout que l'on fait les entailles pour former la tête du radeau , & les aſſujettir par le moyen des barriers; on en entrelaſſe cependant quelques-uns par le petit bout , afin d'avoir à l'arriere quelques points d'appui pour les rames. On ne met que deux barriers à la tête de ces radeaux; chaque piece eſt arrêtée ſur le premier avec deux ou ſix harres , ſuivant qu'elle eſt plus ou moins groſſe ,

& taillée en bec de flûte à l'avant pour mieux glisser sur les pierres : on perce les trous des entailles de biais pour que les harres se trouvent sur les côtés, & non pas en dessous où elles seroient bientôt coupées : on place trois rames à l'avant, & deux à l'arriere ; lorsque le radeau est de très-petite piece, on n'en met quelquefois que trois en tout, & toujours contenues par des ramieres : on n'emploie point de gargouilles pour ces radeaux ; on se contente d'assujettir l'arriere avec une simple corde d'un pouce & demi de diametre , retenue avec des crampons : on ne leur donne jamais qu'une seule corde maîtresse : on n'y met ni ailes ni nageoires, parce qu'ils ne tirent pas assez d'eau pour échouer souvent , & qu'ils sont d'ailleurs aisés à relever avec les barres à main : comme ils sont très-courts, ils passent tous les tournans avec facilité : on n'y fait point de ponts, parce qu'il est aisé de se transporter d'une extrêmité à l'autre ; on place seulement une planche à la portée du bout des rames pour que les radeleurs s'y tiennent facilement : il entre quelquefois jusqu'à quarante-cinq pieces dans la composition de ces petits radeaux. (voyez Planche X.)   Planche X.

Au milieu de l'été, lorsque la fonte des neiges est finie, & que les eaux sont basses, on fait des radeaux de bordages pour les ponts des vaisseaux & autres travaux des ports : on les charge de planches & d'avirons qui se fabriquent à la forêt : ces radeaux sont composés de deux parties qu'on appelle *folles* : chaque folle est formée par douze bordages placés côte à côte, & arrêtés par des harres sur trois barriers , savoir deux à l'avant & un à l'arriere : on assemble les deux folles avec des bouts de cordages , de sorte qu'un radeau complet est ordinairement de vingt-quatre bordages, & souvent moins suivant leur largeur : on les double lorsque les eaux sont encore assez fortes , & alors les deux pieces posées l'une sur l'autre, sont assujetties par les mêmes harres fur les barriers : l'efpece de charniere qui réunit les deux folles , fait qu'ils fe relevent beaucoup plus vîte aux chûtes des paffelis , qui font plus fortes lorfque les eaux font baffes ; alors tandis que la premiere folle plonge fort avant dans l'eau, la feconde , qui garde le niveau , pouffe l'autre & la force à fe relever plus vîte : les rames font placées comme aux autres radeaux , il y en a ordinairement trois fur le devant, & deux à l'arriere.

On charge ces radeaux de planches ou d'avirons dont on proportionne la quantité à la force de l'eau, ils portent quelquefois cinq cens planches, ou bien deux cens planches avec cent avirons ; on arrête le tout avec des harres paffées dans des crampons de fer , pour les contenir en cas d'avarie.(Voyez Planche X. Planche X.)

Les eaux font quelquefois fi baffes , que même aux radeaux de fimples bordages, on eft obligé de mettre des nageoires pour les aider , vu qu'ils échouent à tout moment : on forme ces nageoires avec des croutes ou enlevures provenant du moulin à fcie, & longues d'une vingtaine de pieds , ou avec des bordages de rebut : trois rames fuffifent pour ces radeaux qui font très-légers & faciles à goûverner.

Il entre ordinairement dans un grand radeau de 60 à 70 crampons de fer, 30 à 36 chevalets, & environ quatre cens harres : on met fur chacun une certaine quantité de chaque efpece pour fervir de rechange en cas d'accident, & jufqu'à deux cens harres de provifion , lorfque l'on a quelque crainte.

Les harres & les ramieres font de bois de coudre : on préfere celui qui a l'écorce noire , parce qu'il eft plus liant & fe conferve plus long-temps ; on les fait couper en feve pour en garder d'une année à l'autre.

Les barriers, barres à main & barres de pont, font de hêtre :

rous ces approvifionnemens demandent un grand détail pour en avoir toujours d'avance, le pays s'épuife fort vîte de ces menus bois qui ne peuvent fervir qu'une feule fois.

Quant aux crampons, chevalets & cordages, on les fait revenir de Bayonne fur des voitures : on met pour cela les fer-remens dans des barrils que l'on tranfporte à cet effet fur les radeaux, au moyen de quoi il n'en faut qu'une certaine quantité d'avance quand on commence à flotter ; fans cette précaution, il s'en feroit une confommation énorme, puifqu'il y a eu des années où l'on a flotté jufqu'à trois cens radeaux.

CHAPITRE VIII.

De la maniere de flotter.

LA conftruction des radeaux que je viens d'expofer dans le chapitre précédent, a été déterminée d'une part fur la nature des bois que l'on a tranfportés, qui font plus longs & plus légers que ceux que l'on flotte communément en France, & de l'autre, fur la fingularité de la riviere ou gave (1), très-étroite dans beaucoup d'endroits, femée par-tout de pierres, de rochers & de bancs de gravier, & infiniment plus rapide que les rivieres qui fervent ordinairement au tranfport des bois: fa rapidité eft telle qu'on voit fouvent de grands radeaux faire avec des eaux ordinaires jufqu'à huit lieues du pays en quatre heures; on en a même vu dans les grandes eaux faire en quatre-vingt minutes les cinq lieues que l'on compte du baffin d'Atas à la ville d'Oléron, où il y a un mouillage ; auffi les radeleurs font-ils obligés de fe mettre en chemife avant de fortir du baffin, car une fois les éclufes ouvertes, ils n'ont plus un inftant de repos jufqu'au mouillage, & ne s'arrêtent que par accident.

On met fur chaque radeau un patron radeleur, & quelquefois deux fur les plus grands, pour commander la manœuvre : ces patrons doivent connoître parfaitement tous les paffages de la riviere, & jufqu'au moindre écueil, car la grande rapidité du courant ne leur permet pas de les voir de loin ; ils font d'ailleurs fouvent cachés par les rochers élevés, entre lefquels ils ferpentent, & le radeau y feroit arrivé auffi-tôt que l'œil les

---

(1) On donne le nom de gave à prefque toutes les rivieres du Béarn.

auroit

auroit apperçu. C'eſt à l'expérience à leur apprendre à les juger de loin, à ſavoir d'avance de quel côté va les porter le fort de l'eau, quels effets les radeaux font dans certains paſſages dangereux, quelle manœuvre eſt néceſſaire pour ſe préſenter aux différens paſſelis qui ne ſe reſſemblent pas tous, ni pour la ſituation, ni pour la conſtruction ; enfin ce qu'il faut faire à leur ſortie pour ne pas échouer : ce n'eſt pas que les maneuvres ſoient fort compliquées, car elles conſiſtent toutes à nager ſtribord ou bas-bord, mais il faut qu'elles ſoient faites à propos.

Le patron ſe poſte ſur l'un des côtés du devant, car c'eſt toujours-là où ſe font les principales manœuvres : les radeleurs les plus vigoureux ſont placés aux rames de l'avant, chacun vis-à-vis de la ſienne, dont il tient le bout droit au corps environ à la hauteur des hanches, prêts à nager indifféremment à ſtribord ou à bas-bord ſans faire de grands mouvemens, & à changer ſur le champ de manœuvre, ſoit pour ſuivre les ſinuoſités de la riviere, ſoit pour éviter les écueils.

On place à l'arriere les hommes les moins forts, parce qu'ils ne fatiguent pas autant : c'eſt toujours l'avant qui commence lorſqu'il s'agit de tourner ou d'éviter, & dès qu'il a fait ſon premier mouvement, il eſt naturellement aidé par la force & la vîteſſe des lignes d'eau qui le frappent par le côté oppoſé, de ſorte qu'il n'eſt ſouvent beſoin que d'accélérer ce mouvement, ce qui ſe fait ſans de grands efforts : quand il s'agit de tourner, l'avant & l'arriere doivent nager en ſens contraire ; le patron prévient la manœuvre & avertit ; ceux de l'arriere vont toujours à reculon.

On voit par ce que j'ai dit, que l'objet des radeleurs eſt de diriger le radeau, & jamais d'en accélérer la marche qui n'eſt ſouvent que trop vîte ; il n'y a même rien dans la conſtruction

N

qui foit fait à cette intention : cependant à mefure que la riviere s'éloigne des montagnes, fa rapidité diminue, & elle coule affez lentement dans les plaines voifines de fon embouchure ; alors quand la largeur le permet, on met les radeaux en travers pour préfenter plus de points au courant d'eau.

L'expérience & l'induftrie doivent fournir aux radeleurs, & fur-tout aux patrons, les moyens de remédier promptement aux accidens auxquels cette navigation n'eft que trop fujette : les plus ordinaires font lorfque le radeau échoue fur quelque rocher, fur un banc de fable, ou fur le fond même de la riviere, car les eaux font très-baffes dans quelques endroits : lorfque la tête vient à toucher, & que le derriere refte libre, il fe vire bout pour bout dans la minute ou fe met en travers, ce qui exige de grandes forces pour le remettre dans fa pofition : lorfqu'entraîné par la force du courant, il va monter fur les digues des moulins, & y refte échoué, ce qui eft arrivé plufieurs fois, ou qu'il s'agit de la lui faire franchir, quoiqu'élevée de fept à huit pieds, il eft toujours effentiel que le remede foit prompt, car il feroit dangereux de laiffer un radeau dans une mauvaife pofition : les eaux qui peuvent augmenter dans un inftant, le dégraderoient, & l'emporteroient en dérive dans de mauvais pas d'où il ne feroit plus poffible de le dégager, ce qui pourroit endommager les digues des moulins, & les autres travaux de la riviere : cela arrivoit plus fouvent quand on en faifoit des dépôts le long de la riviere ; mais ces accidens font moins fréquens depuis la précaution que l'on a prife de n'en laiffer fortir du baffin d'Atas, que quand on eft affuré qu'il n'y en a point d'arrêtés, & que tous font en train de faire leur route.

Si dans un choc quelconque il arrive que les barriers de la tête fe brifent, & que les Mâts ne tiennent plus que par la gargouille ; on eſt obligé de les refaire en entier ; on eſt quel-quefois forcé de tirer le radeau piece par piece d'un mauvais pas où il ſe trouve pris , ſoit ſur des rochers ou entre deux ; c'eſt alors que les radeleurs emploient les harres de rechange , & qu'ils mettent en uſage les haches , les tarrieres & autres outils qu'ils portent avec eux.

Les radeaux de petite Mâture & de bordages qui tirent peu d'eau, parce qu'ils ſont plus légers, & qui vont moins vîte , parce qu'on ne les flotte que par les eaux baſſes , ſont plus faciles à gouverner , & n'eſſuient que peu d'accidens.

Les nageoires ou ambaſtes des grands radeaux, dont nous avons parlé dans le chapitre précédent, ſont deſtinées à faire gonfler l'eau pour dégager le radeau lorſqu'il eſt échoué : on les place à l'arriere, parce que c'eſt toujours cette partie qui touche à cauſe du poids des gros bouts des pieces : quand on veut s'en ſervir, on pouſſe au large le bout de derriere , & on leur fait faire de chaque côté avec le radeau un angle de 45 degrés environ, dont le ſommet eſt à la corde qui les tient atta-chées au radeau vers le milieu ; on amarre à la gargouille de derriere le cordage nommé *corde d'ambaſte* qui retient les nageoires à cette extrêmité : elles ſe trouvent d'abord à plat ſur l'eau & ne font aucun effet; mais en paſſant une barre à main dans un chevalet ou *organo* placé pour cela à l'extrêmité de la nageoire qui touche au radeau, on la force à ſe virer de champ ; elles font alors gonfler les eaux de toute leur largeur, & lui oppoſent une ſurface de ſoixante pieds de long : ce premier mouvement ſuffit très-ſouvent pour dégager le radeau ; lorſqu'il réſiſte encore, on ſe ſert de planches de huit à neuf pieds que l'on garde à cet effet ſur le radeau, on les arrange côte à côte le long des nageoires, & on les enfonce enſuite à coups de barres ; elles retiennent l'eau qui s'échapperoit au deſſous de la nageoire, & forment un eſpece de batardeau qui la fait gonfler au point qu'elle paſſe par-deſſus le radeau : s'il reſte en place, dans ce cas les radeleurs jugent qu'il eſt arrêté par quelques pierres, ils ſe mettent tous à l'eau la barre à la main, ſoulevent les parties qu'ils préſument toucher, remuent les Mâts l'un après l'autre pour leur donner du jeu, réuniſſent tous leurs efforts pour élever le radeau par la tête, enſuite par les côtés, & le dégagent ſouvent par cette manœuvre ; ſi elle ne ſuffit pas, ils changent la poſition des nageoires pour tâcher de virer le radeau dans un autre ſens, & lui faire faire un mouvement quelconque ; ils tranſportent à cet effet une des nageoires à la tête du radeau, & font à l'avant la manœuvre qu'ils avoient d'abord fait inutilement à l'arriere ; il en réſulte que la tête ſe porte ſur la rive qui lui eſt oppoſée : ſi l'effet de cette manœuvre étoit de placer le radeau en travers, ce qui arrive lorſque la nageoire opére trop promptement, on y remédie ſur le champ, & on le remet dans ſa poſition naturelle, en manœuvrant dans un ſens contraire à l'autre nageoire qui eſt reſtée à l'arriere ; les radeleurs ſe replacent promptement à leurs rames pour profiter de l'inſtant où le radeau ſe trouve dans la vraie direction qu'il doit ſuivre : dès qu'il commence à marcher, les nageoires ne faiſant plus d'effet, ſe replient d'elles-mêmes & reprenent leur premiere poſition.

Il eſt aiſé de juger dans les différens cas à quel point il eſt néceſſaire de placer les nageoires pour qu'elles produiſent l'effet qu'on en deſire : on les tranſporte d'un bout à l'autre, s'il s'agit de faire revirer le radeau que la rencontre de quelque rocher aura tourné en travers ; d'autres fois, on les place toutes deux du même côté ; l'eſpece d'accident auquel il s'agit de remédier indique toujours quel uſage on en doit faire.

On met juſqu'à quatre de ces nageoires aux gros radeaux

compofés de Mâts de 29 à 30 palmes ; comme ils tirent beaucoup d'eau , elles fervent à les aider dans les endroits maigres où les eaux font plus baffes : ces deux nageoires de furcroît fe placent à la tête pour la foulever, & y font attachées par une de leur extrêmité, tandis que l'autre eft retenue par une corde d'ambafte dont nous avons déja expliqué l'ufage : lorfque le radeau le plus pefant eft échoué, il eft rare qu'en déployant ces quatre pieces , leur effort réuni ne le dégage auffi-tôt. (Voyez Planche XI un radeau échoué & les quatre nageoires déployées.)

Planche XI.

Il eft à propos d'obferver que les radeaux d'un volume con- fidérable font beaucoup plus difficiles à conduire, parce qu'il n'eft pas poffible de leur donner plus de largeur qu'aux autres, & par conféquent d'y placer un plus grand nombre de radeleurs la force alors ne fe trouvant plus dans la même proportion avec la maffe qu'elle doit faire agir , l'adreffe feule peut remédier à cet inconvénient.

Quant aux radeaux de bordages , on n'y met des nageoires que dans des eaux fort baffes , lorfque le tranfport eft preffé ; ou que l'on veut occuper les radeleurs, qui, fans cela , feroient fans ouvrage : on leur en donne alors quatre que l'on fait avec des bordages de rebut ; on évite cependant autant que l'on peut cette navigation , parce que les bordages y effuient un frottement fi confidérable, qu'ils fe trouvent fort dépréciés , & fouvent de nulle valeur après la traverfée.

Lorfqu'un radeau fe trouve échoué entre deux rochers , ou pofé en travers fur une pointe d'où toutes les manœuvres des radeleurs font infuffifantes pour le tirer, il ne refte, pour le mettre en mouvement , d'autre parti à prendre que d'y atteler des bœufs : pour augmenter les forces & fuppléer au nombre , on fe fert de forts palans, de caliornes (1) & de poulies de retour que l'on amarre fur la rive la plus commode pour l'opération, quelquefois fur toutes les deux ; il faut enfuite deux cables au moins, de cinq à fix pouces de circonférence, & autres cordages pour les différens amarrages, & pour le tirage des bœufs ; on prend en même temps toutes les précautions néceffaires pour empêcher le radeau d'être emporté par le courant au moment où il fe trouve remis à flot, car il entraîneroit avec lui tout ce qui a fervi à le débarraffer.

Ces accidens enchériffent la navigation, foit par les frais qu'occafionne le tranfport des inftrumens néceffaires, foit par les indemnités qu'il faut payer aux riverains pour le dégât que cela occafionne fur des terres cultivées.

Les points les plus dangereux pour les radeaux font les digues de moulins un peu élevées ; il eft difficile par les grandes eaux de manœuvrer avec affez de précifion pour éviter ces écueils, un feul faux coup de rame fuffit pour y porter le radeau, qui refte enfuite en équilibre fur la digue : la rapidité des eaux ne permet pas d'en approcher pour porter du fecours, il faut alors attendre qu'elles diminuent, défaire le radeau pour faire franchir les Mâts piece par piece, & le refaire enfuite pour continuer le voyage : d'autres fois ils touchent par l'une des extrêmités, fans néanmoins s'arrêter ; la force du courant les fait virer fur le champ, & même retourner bout pour bout, quand il fe trouve affez d'efpace ; alors tous les efforts des radeleurs deviennent inutiles, & il faut avoir recours aux machines dont nous avons parlé.

---

(1) Les caliornes font de groffes poulies à deux, quatre & fix rouets, propres pour de fortes manœuvres, & avec lefquelles on fait ufage de cables de fix à dix pouces de circonférence.

Ces accidens entraînent souvent la perte de bon nombre de planches & de bordages , & toujours celle d'un temps précieux. Quant aux Mâts , il est rare qu'on en perde , parce que quand même tous les barriers qui les contiennent se trouveroient rompus d'un seul choc , ils restent toujours rassemblés par des cordages qui ne peuvent rompre ; c'est pour les radeaux de bordages & de matéraux que la perte est plus considérable , soit en planches , bordages , avirons ou matéraux.

Il n'auroit pas été possible de porter aux différens accidens de la navigation des remedes assez prompts, sans l'établissement des Subdélégués repartis dans différens points le long de la riviere; ils ont chacun dans leur district , l'autorité nécessaire pour donner main forte aux radeleurs, faire marcher les riverains & fournir des bœufs , veiller à la conservation des ouvrages , & empêcher la dégradation des bords de la riviere, permettre ou interdire les travaux des particuliers qui peuvent s'accorder avec la flottaison ou y nuire, punir ceux qui la troubleroient, arrêter le vol des effets qui appartiennent au Roi, veiller sur la conduite des radeleurs même , & enfin établir toutes les procédures qui ont rapport à la police de cette navigation.

C'est au temps & à l'expérience qu'on a été redevable des points de perfection auquel tous les travaux sont actuellement portés , soit pour la flottaison, soit pour la construction des radeaux : les habitans des environs de Saint-Bertrand dans le Cominge faisoient depuis long-temps le commerce des sapins de leurs montagnes ; ils les exploitoient en billons de 25 à 30 pieds qu'ils flottoient à bois perdu jusqu'à la naissance de la Garonne où ils commençoient à les rassembler en radeaux ; ils les conduisoient alors, chargés d'autres denrées, ou à Bordeaux directement, ou en Languedoc par le Canal : ces opérations, bien plus faciles que les nôtres, tant par la commodité des eaux qui ont plus de profondeur dans ce canton ; que par l'échantillon des pieces qui étoient infiniment plus courtes , ont néanmoins fervi de modele pour le tranfport de la Mâture. C'eft dans cette contrée , & aux environs des fources de la Garonne, que fe font les levées de nos radeleurs; ces gens font claffés comme tous ceux de la marine ; il y a parmi eux des patrons chargés de la conduite des manœuvres , & choifis parmi les plus intelligens, il y a un chef, dans les grands travaux , qui préfide particuliérement à la conftruction des radeaux , & fe tranfporte le long de la riviere , lorfque quel-qu'accident exige une manœuvre extraordinaire.

On donnoit d'abord deux livres par jour aux radeleurs , & deux livres cinq fols aux patrons , mais depuis , ces derniers ont pris cette navigation à l'entreprife , moyennant trois fols fix deniers par pied cube (1); ils font chargés de la conftruction des radeaux , de la forniture des harres , barriers , ramieres , barres de pont & à main , & de la conduite depuis le port d'Atas jufqu'à Navareinx : ce trajet de huit lieues eft le plus difficile , la riviere enfuite devient beaucoup moins rapide.

Les habitans du bas de la riviere , au deffous de Navareinx ; voyant tous les jours paffer des radeaux , fe font hafardés à monter deffus , & l'appas du gain les a enfuite rendus affez bons radeleurs pour prendre l'entreprife de la conduite des radeaux depuis Navareinx jufqu'à Peyrhourade , ce qui forme un

---

(1) Un radeau de Mâts ordinaire eft de 600 pieds cube , ce qui fait 105 livres , les gros vont à mille pieds.

Les radeaux de bordages chargés de planches & d'avirons , ainfi que ceux de matéraux cubent , depuis 400 pieds jufqu'à 600.

En gros, on compte tous les radeaux de Mâts à 600 pieds , & les autres à 500.

nouveau

nouveau trajet de huit lieues, mais moins dangereux & moins fatiguant, auſſi ne mettent-ils que moitié de monde ſur chaque radeau ; il en faut ſix au plus pour un radeau de groſſe Mâture ; on leur donne pour ceux-ci vingt livres, & ſeize pour ceux de bordages & de matéraux.

Ces gens ont rendu un ſervice d'autant plus eſſentiel, en ſe livrant à cette profeſſion, que dans les momens preſſans on les a ſur le champ à ſa portée, au lieu que l'on ſeroit forcé de faire venir ceux·des levées, du lieu de leur réſidence qui eſt éloignée de trente lieues : ce qui eſt fort incommode, ſoit qu'on veuille faire paſſer extraordinairement quelques radeaux pour le ſervice des ports, ſoit qu'un débordement ſubit exige un travail inſtant.

De Peyrhourade à Bayonne on amarre une douzaine de radeaux enſemble, & ils ſont conduits par des bateaux : la riviere alors eſt profonde & tranquille.

On a établi un Commis à Navareinx, & un autre à Peyrhourade, chargés de viſiter les radeaux & de les vérifier d'après les billets d'abordages que les radeleurs leur remettent : au moyen de cette précaution, ils ne peuvent charger les radeaux d'objets étrangers, ni rien diſtraire de ce qui les compoſe, car on leur rabatteroit ſur leur marché tout ce qui pourroit manquer.

On fixe, d'après la quantité de matieres à tranſporter, le nombre de radeleurs à employer dans la campagne : ils viennent au quinze de Mars où la flottaiſon a coutume de commencer: on les garde tous juſqu'au commencement de Juillet, terme ordinaire de la fonte des neiges ; on en congédie alors une partie, & on garde ordinairement l'autre juſqu'au commencement d'Octobre : on emploie ceux-ci à la conduite des radeaux de bordages dans les baſſes eaux, à flotter quelques gros radeaux

O

à la fuite des orages ; ou enfin aux réparations de la riviere
& l'on tâche de les employer toujours utilement ; leurs
journées font cheres, mais auffi leur métier eft pénible, comme
on l'a dû remarquer : outre les fatigues de la riviere, ils font
obligés, dès que le radeau eft arrivé à Navareinx, de retourner
à pied au port d'Atas, ce qui fait une journée de huit lieues
du pays, & ils font ce trajet prefque régulierement de deux
jours l'un.

CHAPITRE IX.

Des différens établiffemens relatifs à cette exploitation.

J'AI tâché d'expofer clairement dans les chapitres précédens le détail des différens travaux de l'exploitation de la Mâture : pour rendre d'une utilité plus complette le compte que je me fuis propofé d'en rendre, il me refte à parler de quelques établiffemens dont la conftruction eft abfolument néceffaire, & par lefquels il fera important de commencer toutes les fois qu'on fera chargé d'une femblable exploitation.

Les premiers font ceux qu'il faut conftruire dans les forêts même ; comme elles font prefque toujours éloignées des villages, & fituées dans les montagnes, le voyage que les ouvriers feroient obligés de faire chaque jour pour arriver aux atteliers, les fatigueroit confidérablement, & occafionneroit une perte de temps dont l'ouvrage fouffriroit beaucoup.

Les ouvriers logent fur le lieu même de leur travail, ils conftruifent des cabanes avec des planches de rebut : comme ces logemens changent à mefure que l'exploitation avance, ils ne demandent pas un grand appareil ; on en met un peu davantage à la conftruction de ceux des chefs, & comme ils doivent durer autant que l'exploitation, on choifit pour leur emplacement les endroits à portée de tout ce qui doit être exploité : on y ménage tout ce qui peut être néceffaire aux befoins de la vie. Ces bâtimens fe font en charpente, garnies de bauge faite de terre franche & de foin, ou quand on le peut, en maçonnerie en terre , ce qui eſt plus ſain. On y conſtruit auſſi des écuries pour les chevaux qui ſervent aux viſites que les chefs font journellement des différens atteliers ; des magaſins pour garder les proviſions d'outils néceſſaires aux travaux & les ſerrer pendant l'hiver ; une forge pour les fabriquer & les réparer ; des logemens pour les charrons ; des atteliers où ils puiſſent fabriquer les trains ſur les lieux même, & s'approviſionner de tous les bois qui ne doivent être employés que très-ſecs, comme les rais , jantes , &c. On fait de plus grandes écuries en bois pour les bœufs , lorſque l'on eſt obligé d'en tenir de relais à la forêt , à cauſe du trop grand éloignement : on a ſoin d'y ménager de vaſtes greniers pour les proviſions de fourrage : on en avoit conſtruit de pareilles pour l'exploitation de la forêt d'Iſſaux , à un quart de lieue de l'entrée du bois : on y tenoit la moitié des bœufs en relais , de ſorte que cette moitié alloit chercher les Mâts dans le bois & les amenoit juſqu'au relais, d'où ils étoient conduits au port par l'autre partie des bœufs qui les venoient prendre d'Atas ; on eſt parvenu par ce moyen à ménager les bœufs , & le ſervice ſe trouvoit mieux fourni que ſi on leur eût fait faire le voyage en entier : on a toujours l'attention , dans les grandes chaleurs, de faire monter les bœufs à vuide pendant la nuit , afin que le moment de la deſcente à charge ne ſe trouve pas vers le milieu du jour.

Il ſeroit fort avantageux de pouvoir établir aux forêts même des moulins à ſcie pour débiter ſur les lieux les planches & les bordages, attendu qu'il n'en coûte que la dixieme partie de ce qu'on donne pour les ſcier à bras ; mais il faut que la nature du terrein facilite d'elle-même ces établiſſemens, que les eaux ſe trouvent à la portée des différens quartiers , & que les mêmes moulins puiſſent ſervir pour tout le temps de l'exploitation.

Nous n'avons pas eu cet avantage à la forêt d'Iſſaux, faute d'eau ; on en avoit d'abord conſtruit un dans le fond du vallon qui eſt au pied de cette forêt ; mais il n'a pas été poſſible d'en faire long-temps uſage à cauſe des frais trop conſidérables du tranſport des billons, & de ceux de l'exportation des matieres travaillées : les premiers étoient occaſionnés par le trop grand éloignement du moulin, & le ſecond, par ſa ſituation qui ſe trouvoit à trois cens toiſes plus bas que le lieu où il falloit faire remonter les bordages pour les charger ſur les voitures. Ces inconvéniens déciderent à en conſtruire un au port d'Atas même en 1763 : ce dernier étoit compoſé de ſix lames de ſcie ; mais on n'en tira pas l'avantage que l'on en avoit eſpéré, d'abord parce qu'il falloit y amener le bois en billons, & que le tranſport de tout ce qu'on leve pour l'équarriſſage des pieces ſe trouvoit en pure perte, & enſuite parce qu'il arrivoit ſouvent que des billons qu'on avoit tranſportés à grands frais dans leur entier, ſe trou‑voient gâtés dans le cœur, & abſolument hors d'état d'être employés.

Après pluſieurs épreuves, on s'eſt convaincu qu'il y auroit beaucoup plus de bénéfice à faire ſcier à bras dans le bois, malgré la différence de prix : alors une brigade pouvoit extraire & remettre ſur les chemins le produit de cinq billons dans un jour, tandis qu'elle avoit peine à en amener un dans ſon entier ; en outre, on deſcendoit avec une ſeule paire de bœufs le produit des bois que deux paires auroient eu peine à deſcendre en grume.

Le ſciage eſt d'une telle conſéquence dans ces exploitations, que je conſeillerois, dans le cas où l'eau manqueroit abſo‑lument, de faire conſtruire des moulins à chevaux, ſi le ſervice exigeoit une grande fourniture, & qu'il n'y eût pas ſuffiſam‑ment de bras, comme cela arrive ſouvent ; en ſuppoſant toute‑

fois qu'il fût aifé de fe procurer du fourrage : ces moulins ne feroient pas fort coûteux, la force d'un cheval appliquée à l'extrêmité d'un bras de levier de 13 pieds, furpaffe celle d'un pied quarré d'eau de 7 pieds de chûte, fur des aubes d'un pied quarré, ce qui donne environ 20 pieds de vîteffe par feconde, & cette force eft fuffifante pour faire mouvoir deux fcies à la fois, pour les moulins où les manivelles font appliquées aux extrêmités de l'arbre & de la roue, & où par conféquent les mouvemens font fimples & fans lanternes : il n'eft pas difficile d'établir ces fortes de machines, dans tous les moulins à fcie, les mouvemens font les mêmes ; la différence ne fe trouveroit que dans la difpofition du moteur, & cette difpofition dépend abfolument du local.

On fentira l'avantage de fe procurer des moulins à la forêt, par la comparaifon du prix du fciage au moulin, avec celui du fciage à bras : on paie au moulin un fol par planches depuis fept pieds jufqu'à 10 ; 15 fols pour les bordages doubles de 36. à 40 pieds de long, fur 1 de large & 5 à 8 pouces d'épais, & 10 fols pour les bordages fimples, de même longueur & largeur, mais de 3 à 4 pouces d'épaiffeur. Pour fcier à bras à la forêt, on donne 12 fols par planche, & 12 fols du pied cube de bordage : il eft aifé de juger combien les frais d'extraction & de tranfport doivent être confidérables, puifque malgré la grande différence des prix du fciage, on trouvoit encore de l'avantage à faire fcier à bras.

Je viens de faire conftruire un petit moulin au pied de la nouvelle forêt du Pact ; il eft au même niveau que le pont dont j'ai parlé chapitre trois : il n'a que deux fcies à caufe du peu d'eau après la fonte : les deux lames font mues par un feul rouet, & uniquement pour des planches : le moulin eft difpofé de maniere que tous les bois de la forêt y viennent aboutir :

les mouvemens qui joignent les manivelles aux fcies ont plus de vingt pieds de long, ce qui diminue le frottement des chaffis dans les couliffes, parce que l'obliquité qu'ils forment lorfque les coudes des manivelles font horizontaux, n'eft prefque pas fenfible, ce qui fait que la direction de la puiffance eft à peu près perpendiculaire.

Comme le village d'Atas, au bas duquel eft le port, contient peu de bâtimens, on a été forcé d'en conftruire au port même pour y raffembler en ordre tout ce qui étoit effentiel à cette exploitation : ces établiffemens font conftruits en bois, la plupart garnis de croûtes ou enlevures du moulin à fcie. Quant aux écuries, toutes les cloifons font en beauge : ce bâtiment, le plus confidérable de tous, contient foixante paires de bœufs ; il porte un très-grand grenier qui peut renfermer huit mille quintaux de foin ; le magafin général eft au bout de ce bâtiment : il y a en outre un attelier pour les charrons, une forge pour les gros ouvrages & la ferrure des radeaux, une autre pour le maréchal, le moulin à fcie, & quelques baraques pour loger le Garde du port, & un Commis.

On avoit conftruit au milieu du port un grand hangar long de 240 pieds fur 44 de largeur pour y mettre les Mâts à l'abri de l'alternative de la féchereffe & de la pluie, mais il a été détruit deux fois par les ouragans, & après l'avoir rétabli avec les plus grandes précautions, on a été forcé d'y renoncer ; il étoit cependant d'une grande reffource pour conferver les bois qu'il n'a pas été poffible de flotter avant l'hiver : on y fupplée maintenant en les couvrant avec des planches de rebut, ou des croûtes du moulin à fcie.

Il eft encore néceffaire de fe procurer des hangars pour mettre à couvert dans le port tous les approvifionnemens utiles à la flottaifon, comme rames, barriers, barres de pont & à main , ramieres , &c. Tous ces objets deviennent coûteux par la grande confommation qui s'en fait dans une exploitation auffi confidérable : les forêts font bientôt dépourvues de ces petits bois , & enfuite il faut aller les chercher fort loin , ce qui fait que ces bois exigent une certaine attention pour empêcher qu'ils ne s'échauffent , & pour qu'ils fervent d'une année à l'autre. Pour avoir d'avance les provifions de ce genre proportionnées à la quantité de Mâture que l'on aura à flotter , on obfervera qu'il faut pour chaque radeau , le fort portant le foible , 300 hars , 3 barriers , 8 barres de pont , autant de barres à main , 8 rames & 16 ramieres : en prenant ainfi fes précautions , on ne fera pas dans le cas de voir les travaux retardés dans le temps de la flottaifon.

Comme dans prefque toutes les forêts de fapins des Pyrénées il fe trouve des quartiers entiers de hêtres d'une belle venue , on en a fait fabriquer à la forêt des avirons qu'on a fait paffer dans les ports , par la commodité des radeaux , pour le compte du Roi : il n'en a coûté que la main d'œuvre & le tranfport , de forte qu'ils ont produit un bénéfice confidérable , & diminué d'autant la dépenfe de l'exploitation : on a de même fait paffer dans les ports des provifions de billes de buis pour en faire des effieux de poulies ; mais en général ce bois eft fort gras , & il fe fend quand il commence à fécher : ces provifions fe ferrent auffi fous des hangars jufqu'au temps de la flottaifon : on y ferre de même les cunges & les pieus que l'on réferve pour les réparations de la riviere ; par ce moyen , on peut remédier fur le champ aux accidens , fans que la navigation fe trouve retardée.

On vient de voir le détail des différens établiffemens qu'ont exigé les befoins de cette exploitation ; ils pourront fervir d'exemple pour une autre du même genre. Si l'on fe trouvoit

à

à portée d'un village plus confidérable que celui d'Atas ; & que les travaux duffent durer moins de temps, il feroit plus avantageux de louer les bâtimens néceffaires : fi l'exploitation devoit être très-longue, peut-être feroit-on mieux de conftruire tout de fuite en maçonnerie les établiffemens qu'elle exige ; on épargneroit par-là les réparations fréquentes & coûteufes des bâtimens en charpente de fapin ou de hêtre, ce qu'il fera aifé de calculer au commencement de l'exploitation.

CHAPITRE X.

Conftructions & réparations de deux digues exécutées en bois.

QUOIQUE ces digues ne faffent pas effentiellement partie des travaux de la Mâture, puifque la premiere a été exécutée fur un torrent autre que celui fur lequel on flotte, leur defcription néanmoins peut ne pas être déplacée à la fuite de cet ouvrage, parce qu'elle indique les différens moyens employés pour vaincre les difficultés que préfentent ces torrens fi deftructeurs dans leur débordemens, & fi difficiles à contenir par le peu de folidité de leurs lits, qui, comme on l'a déja vu, ne font compofés la plupart que de pierres & de fable : tels font ceux fur lefquels on a établi les deux digues dont il eft queftion.

Voyez Planche XII, figure 1 & 2.

Les figures 1 & 2 de la Planche XII repréfentent une digue en bois refaite en entier, fur un torrent très-confidérable dans les débordemens : ces extrêmités font appuyées fur deux rochers qui bordent les rives & refferrent le lit dans cette partie : elle fert à élever l'eau pour faire aller deux moulins bâtis fur le fommet de ces rochers.

L'ancienne digue qui fut emportée en entier étoit conftruite fur des pilots de trente-fix pieds de longueur, dont on avoit laiffé environ quatorze pieds en dehors pour appuyer le refte de la charpente : cette longueur de levier étoit un premier défaut qui tendoit à la deftruction de l'ouvrage lors des grandes pouffées ; mais le point le plus effentiel, c'eft qu'elle étoit bâtie à plomb du côté de la chûte des eaux, qui, dans les débordemens, creufoient au pied de l'ouvrage jufqu'à déraciner

les pilots, & avec autant de facilité que le fol n'eft que pierres
& fable. Le corps de la digue étoit conftruit en gros arbres
pofés les uns fur les autres & fimplement appuyés fur les rochers
des côtés ; de forte que n'étant pas effentiellement affujettis
par les extrêmités, & portant à vuide fur le fol, il étoit indif-
penfable qu'au premier effort l'ouvrage fût détruit comme il
eft arrivé.

La nouvelle digue dont il eft queftion a donc été imaginée
pour remédier à ces divers inconvéniens, & réfifter en même
temps aux efforts prodigieux du torrent : elle a été rebâtie fur
l'ancien fol, qui fut bientôt comblé par les débris continuels
des montagnes ; on peut voir fur le plan & le profil que les
premiers points d'appuis de fa bafe, font des pilots battus à
cinq pieds de diftance d'un milieu à l'autre, récepés auffi bas
qu'il a été poffible, & coëffés enfuite d'un chapeau qui les
joint à tenons & mortoifes, ce qui forme les longrines de cette
digue : ces pieces font enfuite incruftées dans les rochers, puis
affujetties avec des boulons de fer de quinze lignes de diametre
& de trente pouces de long, & comme elles ne peuvent pas
être d'un feul morceau fur toute la longueur de la digue, on
a obfervé de croifer les joints fucceffivement jufqu'au fommet,
afin que l'ouvrage fût mieux lié. Les traverfines qui font pofées
à égale diftance & à l'aplomb des pilots, font entaillées de
deux pouces en deffus & en deffous pour emboîter les longrines, & pour que tout l'ouvrage ne faffe qu'un même corps :
tous les vuides font remplis de pierres & de gros gravier pour
arrêter le gros de la filtration, & former en même temps une
maffe plus confidérable.

Comme l'un des rochers a beaucoup de talut, on a alongé
les longrines à mefure que l'ouvrage s'eft élevé, fans oublier
de les incrufter & de les boulonner jufqu'au dernier rang.

Il a été mis un cours de palplanches fur le devant pour empêcher que les eaux ne prennent la digue en fous œuvre ; mais l'effentiel de cet ouvrage eft un radier de dix pieds de large , appuyé fur deux rangs de pilots & pofé auffi bas qu'il a été poffible , afin de recevoir la chûte des eaux & empêcher les affouillemens ; on en peut voir la forme & celle de la digue figure 2 : tout cet ouvrage eft regarni en bordages de chêne de trois pouces d'épaiffeur ; le feul inconvénient qu'ont à effuyer ces fortes de travaux , eft le prompt dépériffement des bordages du radier & de la chûte de la digue , qui font bien vîte ufés par le choc continuel des gros quartiers de pierres que ces torrens tranfportent à la moindre crue.

Figure 2.

Cette digue conftruite depuis deux ans à effuyé les plus forts débordemens , fans qu'il y ait eu rien de dérangé , & fans aucuns affouillemens ni filtrations.

Figure 3 & 4.

La figure 3 repréfente une digue en maçonnerie au milieu de laquelle il s'étoit fait une breche de 43 pieds de largeur , par où toute la riviere & les radeaux ont paffé pendant près de dix ans. A l'une des extrêmités de cette digue eft le canal qui conduit les eaux au moulin , & à l'autre eft un paffelis pour le flottage des radeaux. Le peu de folidité du fol fur lequel cette partie étoit conftruite , jointe à la chûte des eaux dans les débordemens , ont contribué à détruire les fondations & toute la maçonnerie ; le refte de la digue eft folidement bâti fur le rocher & a toujours réfifté aux plus grands chocs : comme la riviere étoit très-refferrée dans ce paffage , elle y avoit fouillé au point qu'il y avoit dix-huit pieds d'eau au milieu de la breche , ce qui a fait que les propriétaires ont tenté vainement , à différentes reprifes , de fermer cette ouverture avec des arbres mis en travers & de tous les fens ; au moindre débordement les eaux prenoient l'ouvrage en deffous & le détruifoient dans un inftant.

Il en a été de même pour les essais faits en maçonnerie qui ont toujours été emportés pour les mêmes raisons : il étoit si difficile d'y parvenir que les pilots ne peuvent entrer que de trois ou quatre pieds, & que de chaque côté de la breche, il y a huit à neuf pieds de longueur de la digue où la maçonnerie porte en l'air ; de sorte qu'il étoit comme impossible de pouvoir reprendre cet ouvrage en sous œuvre, & l'appuyer sur des fondemens solides : voilà toutes les raisons qui ont déterminé à donner à cette réparation la forme que l'on voit figure 3, & c'est par ce même moyen que l'on a trouvé un sol pour appuyer l'ouvrage, parce qu'à huit pieds de la breche le lit de la riviere étoit de niveau, de sorte que les terres avoient la forme que l'on voit sur le profil figure 4 : il en résultoit encore un autre avantage, qui est que le sommet de l'angle de cet ouvrage étant opposé au milieu du courant, il le divise & empêche que le choc ne se réunisse au même point.

La solidité de ce travail consiste en ce que tous les bois s'appuient les uns sur les autres, & que pour qu'il soit détruit il faut absolument que les deux bouts de la digue qui lui servent de buttées soient emportés ; sans cela aucun effort ne peut le déranger, à moins que les eaux ne le prennent en sous œuvre par un effort extraordinaire.

On peut voir par le profil que cet ouvrage est simplement posé sur le sol qui n'est que pierres & gravier, & que rien ne l'y retient, que ce n'est que de sa forme seule qu'il tient sa force. Toutes les longrines sont d'une seule piece & se joignent au sommet de l'angle à tenons & à mortoises ; l'autre bout est scelé dans la maçonnerie, & successivement jusqu'au haut de la digue : les traversines sont entaillées de deux pouces en dessus & en dessous pour s'emboîter avec les longrines & ne faire qu'un corps solide de tout l'ouvrage ; le dedans a été rempli de pierres & de gravier pour le même effet.

On a mis un cours de palplanches fur le devant & le derriere de cette digue, afin que les eaux ne prennent pas l'ouvrage en fous œuvre ; & pour plus grande précaution, on a fait fur le devant un fardage de dix pieds de largeur, en fafcines & en groffes pierres, pour amortir le choc de l'eau, & pour que ces mêmes eaux, dans leur chûte, ne détruifent point le derriere de l'ouvrage : pour les écarter autant qu'il a été poffible, on a fait un radier de fix pieds de largeur, foutenu par des pieces très-fortes, dont l'un des bouts eft fcelé dans la maçonnerie, & l'autte porte fur les premieres longrines ; le tout eft recouvert en bordages de chêne de trois d'épaiffeur.

Cet ouvrage conftruit depuis deux ans a très-bien réfifté aux débordemens, fans qu'il foit arrivé le moindre inconvénient, & la meilleure preuve de fa folidité, c'eft que tout le devant de la digue eft garni de pierres & de gravier jufqu'à fa fuper-ficie, ce qui démontre qu'il n'y a point de filtrations, & que l'ouvrage eft bien affuré.

Quoique ces deux ouvrages ne foient pas bien importans, j'ai cru néanmoins que leur fingularité pourroit ne pas déplaire, & que la fimplicité des moyens employés pour leur conf-truction, ferviroit peut-être d'exemple pour des objets plus intéreffans, mais où les mêmes caufes feroient réunies, telles que des torrens & de mauvais fols. Elles pourront encore fervir à faire obferver que la plupart des digues que l'on conftruit dans ce genre, font toutes détruites par la chûte des eaux, qui tombant trop d'aplomb d'une certaine hauteur, minent infenfiblement les fondemens de l'ouvrage, fur-tout quand ils ne font pas fur le rocher : c'eft le motif qui a déter-miné à donner les formes que l'on voit aux profils, figures 2 & 4, & qui doit engager à faire des radiers aux digues en bois, & des bermes à celles en maçonnerie.

CONCLUSION.

Je n'ai eu d'autre objet en rendant compte de ce que nous avons fait, que d'épargner beaucoup d'embarras à ceux qui pourront avoir à faire les mêmes chofes : peut - être ·dans les mêmes travaux d'autres circonftances exigeront d'autres mefures; une riviere plus tranquille, & moins remplie d'écueils, demanderoit une conftruction différente pour les radeaux, & une autre maniere de naviguer : des chemins moins rapides pourroient exiger d'autres trains, des roues, d'un plus grand diametre pour foulager les bœufs & augmenter les forces : des routes plus rapides encore que celles que j'ai décrites, mais d'une pente plus égale, demanderoient peut-être qu'on fît les trains de derriere plus bas que ceux de devant, pour amortir la force & diminuer le nombre des bœufs : dans une forêt efcarpée au point qu'il feroit impoffible d'y conduire des trains à roues, il ne faudroit pas pour cela renoncer à l'exploitation, on en extrairoit les Mâts au moyen de traîneaux fans roues, qui les gouverneroient comme les autres, avec les timons , on les ferreroit en deffous, ils auroient un deffus mobile comme les trains pour y attacher les Mâts, contenu de même avec une cheville ouvriere : on auroit foin alors de tenir les chemins fort unis, & d'y répandre fouvent du gravier. On verra Planche XI les figures 1, 2, 3, 4 & 5, lefquels repréfentent les deffins d'un pareil traîneau.

La fituation de la forêt à exploiter peut encore occafionner des différences dans le temps du travail. On monte ordinairement à la forêt dans les premiers jours d'Avril; la neige ne

couvre plus alors que la cime des hautes montagnes, & celle
qui tombe paſſé ce temps ſe fond auſſi-tôt : on finit les ouvrages
au 15 de Décembre ; mais dans un pays moins élevé, les
termes des travaux pourroient changer. Dans la même poſition,
les années donnent quelquefois des différences conſidérables ;
par exemple, en 1770 on ne put travailler à celle d'Iſſaux
qu'au premier de Juin : il y a eu quelquefois des hivers ſi tempérés
que les ouvrages n'ont pas diſcontinué. Toutes les forêts des
Pyrénées ſe reſſemblent aſſez, & pour le degré d'élevation,
& pour les gorges qui s'y rencontrent ; l'air y eſt aſſez géné-
ralement le même, & y preſcrit aux productions des bornes
que la nature n'y franchit point : ainſi dans ces montagnes
la marche ſeroit à peu près la même pour de nouvelles
exploitations, & tout s'y reſſembleroit du plus au moins ;
on y rencontreroit les mêmes difficultés, des montagnes très-
rapides, des obſtacles conſidérables à tracer les chemins, de
plus grands encore pour les exécuter, des torrens très-difficiles
à rendre navigables, enfin des occaſions fréquentes d'uſer de
toutes les reſſources du génie.

Puiſſent les détails que je viens d'expoſer être auſſi utiles que
je le deſire à ceux qui ſeroient chargés des mêmes travaux, dans
un temps éloigné où il ne ſe trouveroit plus perſonne qui eût
été témoin de tous les expédiens que nous avons mis en uſage.

Après avoir fait l'impoſſible pour remplir la commiſſion dont
j'ai été chargé, à la ſatisfaction de mes ſupérieurs, j'ai cru qu'il
étoit encore de mon devoir, d'épargner beaucoup d'embarras
& de peines à ceux qui auront le même ſervice à remplir, &
de leur communiquer toutes les reſſources que l'expérience &
l'induſtrie ont pu me fournir.

F I N.

EXPLICATION
DES PLANCHES.

PLANCHE PREMIERE.

Cette Planche repréfente une conftruction de chemin dans les Monts Pyrénées, pour l'extraction de la Mâture.

Fig. 1.   Plan d'un chemin.

Fig. 2.   Élévation.

Fig. 3.   Coupe ou profil.

AA fait voir l'effet d'un chemin pris dans l'épaiffeur des Terres.

Fig. 4.   Repréfente la maniere de lever les Mâts pour les charger fur les trains, au moyen de deux vis qui paffent dans une piece de bois ou double écroux, & pofée fur deux crapaudines : cette machine fe nomme *tourrilette*.

PLANCHE DEUXIEME.

La Planche deuxieme repréfente le plan des femelles d'un pont de bois, exécuté pour franchir un ravin profond, & pouvoir charroyer les Mâts de toutes les parties de la forêt du Paét.

A.   Semelles du Pont de Troucas.

B.   Moulin à fcie.

C.   Conduit du moulin.
D.   Ruiſſeau de ſenne courſe.
E.   Grand chemins.
F F.   Chemins dans la forêt du Paĉt.

PLANCHE TROISIEME.

Fɪɢ. 1.   Petit bout d'un Mât.
Fɪɢ. 2.   Rame de devant.
Fɪɢ. 3.   Élévation du Pont de Troucas, pris ſur la ligne O P de la
            planche deuxieme.
Fɪɢ. 4.   Coupe ſur la ligne X Y de la même Planche deuxieme.

PLANCHE QUATRIEME.

Cette Planche fait voir la vue d'une gliſſoire pour l'extraĉtion des Mâts.
On voit en A A des cabanes pour les ouvriers.

PLANCHE CINQUIEME.

Dans cette Planche, on a repréſenté les trains à tranſporter les
        Mâts.
Fɪɢ. 1.   Élévation d'un train de devant.
Fɪɢ. 2.   Élévation d'un train de derrier .
Fɪɢ. 3.   Plan d'un train de devant.
Fɪɢ. 4.   Plan d'un train de derriere.
Fɪɢ. 5.   Plan d'un devant ſans le deſſus.
Fɪɢ. 6.   Deſſus d'un train de devant.
Fɪɢ. 7.   Profil ſur la ligne A B.
Fɪɢ. 8.   Profil ſur la ligne C D.
Fɪɢ. 9.   Coupe ſur la ligne E F.
Fɪɢ. 10.   Élévation du Couſſin.
Fɪɢ. 11.   Eſſieu vu par deſſous.

Noms des principales pieces.

a. Timon.
b. Armons.
c. Sellettes.
d. Lissoirs.
e. Jantes.
f. Jantes à gueules de loup.
g. Fourchettes.
h. Coussins.
i. Fourches.

Ferrures.

k. Hampes.
l. Plaques de timons.
m. Étriers.
n. Garnitures d'armons.
o. Chevilles ouvrieres.
p. Aquignon.
q. Chevalets.

PLANCHE SIXIEME.

Cette Planche représente la maniere de placer les épis pour briser les eaux.

Fig. 1.   Position d'un épi qui indique le moyen de donner à l'eau la moindre prise qu'il est possible, pour garantir la face de l'ouvrage des affouillemens.

Fig. 2.   Epi d'une forme différente du premier, afin de mieux rassembler toutes les lignes d'eau dans un seul point.

Fig. 3.   Digue sur laquelle les radeaux passent.

Fig. 4.   Pieces boullonnées dans le rocher.

Fig. 5.   Profil ou coupe sur la ligne A B de l'épi figure 1.

Fig. 6.   Coupe sur la ligne C D de l'épi figure 2.

Fig. 7.   Coupe sur la ligne EF de la digue figure 3.

Fig. 8.   Traînées de fascines.

Fig. 9.   Traînées de grosses pierres.

PLANCHE SEPTIEME.

Cette Planche représente la construction d'un pont pour passer d'une rive à l'autre dans les débordemens.

Fig. 1.   Est la premiere travée.

   A.   Ouvrier qui enfonce les pieux.

   B.   Sommier,

C.   Bordage.

D.   Contre-poid qui foutient l'Ouvrier.

E.   Pieux ou piquets.

Fig. 2.   Seconde travée , les mêmes lettres de renvoi défignent les mêmes chofes.

Fig. 3.   Plan où l'on voit une travée garnie, en partie de branchages en travers fur les arbres qui portent d'un fommier à l'autre, & une partie de ces branchages eft couverte de terre comme le pont fini.

Fig. 4.   Profil fur la ligne O P de la figure 3.

Fig. 5.   Coupe double par le milieu d'un fommier, où l'on voit en F les têtes des pieux entaillées jufqu'à moitié , & le coin de bois qui les fixe.

PLANCHE HUITIEME

Fig. 1.   Paffelis en maçonnerie.

A.   Radier.

B.   Bajoyer.

C.   Digue.

E.   Chafferons.

Fig. 2.   Paffelis en bois , on a repréfenté fur une moitié les planches ôtées pour laiffer voir la conftruction.

A.   Radier.

B.   Bajoyer.

C.   Digue.

E.   Chofferons.

Fig. 3.   Paffelis projettée.

Fig. 4.   Profil du paffelis de maçonnerie fur la ligne M N.

Fig. 5.   Profil du paffelis en bois fur la ligne O P.

Fig. 6.   Élévation du même paffelis fur la ligne Q R.

PLANCHE NEUVIEME.

Dans cette Planche, est repréfentée la maniere de décharger les Mâts, & le plan d'un grand radeau compofé d'un Mât de 30 palmes fur cent pieds de long, & de deux autres Mâts de 24 & 26 palmes.

Fig. 1   Maniere de décharger les Mâts.

   A.   Grand Mât.

   B.   Train de devant.

   C.   Train de derriere.

DDD.   Billots.

   E.   Levier.

Fig. 2.   Plan d'un grand radeau.

Noms des principales pieces.

a. Ailer.   *g.* Corde maîtreffe.

b. Pont.   *h.* Barres à mains.

c. Nageoires ou ambaftes.   *i.* Paquet de harres.

d. Cordes nommées gar-   *k.* Rames.
      gouilles.   *l.* Ramieres.

e. Barriers.   *m.* Traverfe pour les hardes

f. Bout des barres de pont.   des radeleurs.

Fig. 3.   Profil du radeau fur la ligne XY.

PLANCHE DIXIEME.

Cette Planche repréfente plufieurs efpeces de radeaux.

Fig. 1.   Plan d'un radeau de petites Mâtures.

Fig. 2.   Plan d'un radeau de bordage, chargé de planches & d'avirons.

Fig. 3.   Profil fur la ligne A B de la figure 2.

PLANCHE ONZIEME.

L'on voit dans cette Planche les traîneaux fervant à l'exploitation des Mâts dans les endroits efcarpés , & le plan d'un grand radeau échoué , ayant fes quatre nageoires ouvertes.

FIG. 1.   Plan d'un traîneau de devant.
FIG. 2.   Plan d'un traîneau de derriere.
FIG. 3.   Élévation du traîneau de devant.
FIG. 4.   Élévation du traîneau de derriere.
FIG. 5.   Deffous du traîneau de devant.
FIG. 6.   Plan d'un grand radeau échoué.

PLANCHE DOUXIEME.

Dans cette Planche font deux digues ; elles ne font pas repréfentées entiérement finies , afin de laiffer voir leurs conftructions.

FIG. 1.   Plan d'une digue en bois.
FIG. 2.   Coupe de la même digue fur la ligne I L.
   A.   Rochers fur lefquels la digue eft fixée.
   B.   Pieces boullonnées dans les rochers.
   C.   Traverfes à plomb des têtes des pieux.
   D.   Partie de la digue finie.
   E.   Radier.
 FF.   Conduit pour des Moulins fitués fur les rochers.
   G.   Chofferons.
FIG. 3.   Digue en maçonnerie , au milieu de laquelle il s'eft fait une breche de 43 pieds de largeur, devant laquelle on a reconf truit une autre digue triangulaire en bois.
   M.   Ancienne digue en maçonnerie.
   N.   Breche dans la digue.
   O.   Digue en bois dans la partie finie.

P.   Partie de la digue où l'on voit la difpofition des différentes
       pieces qui la compofent.
Q.   Radier.
R.   Palplanches.
S.   Chofferons.
FIG. 4.   Coupe fur la ligne T V.

Fin de l'explication des Planches.

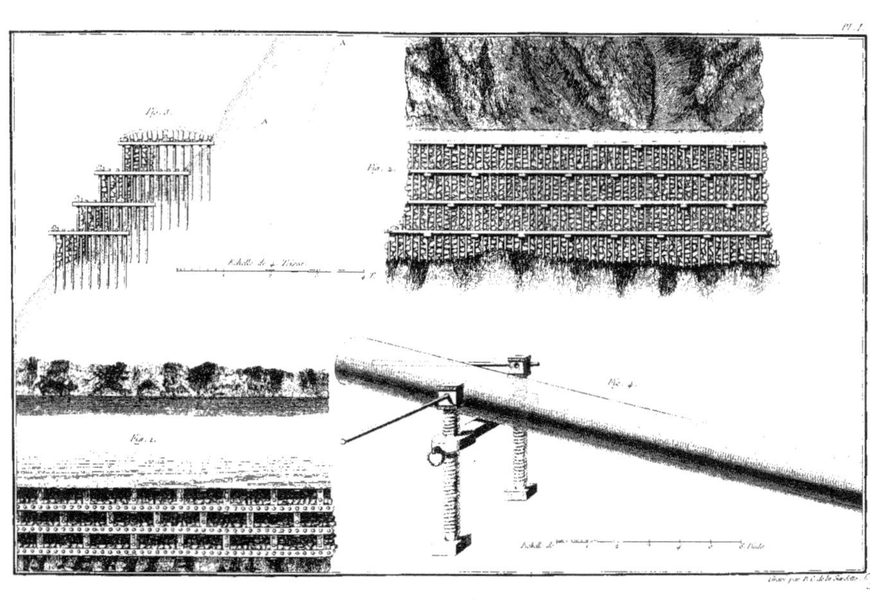

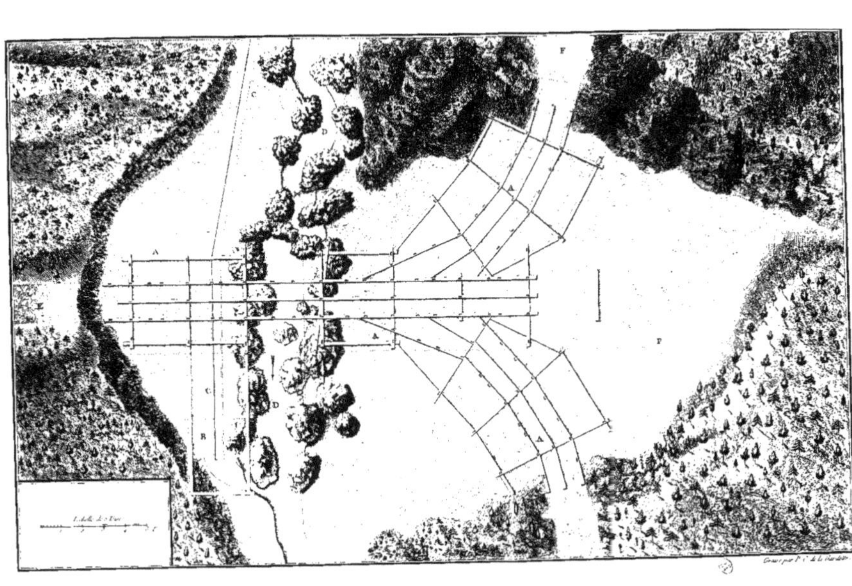

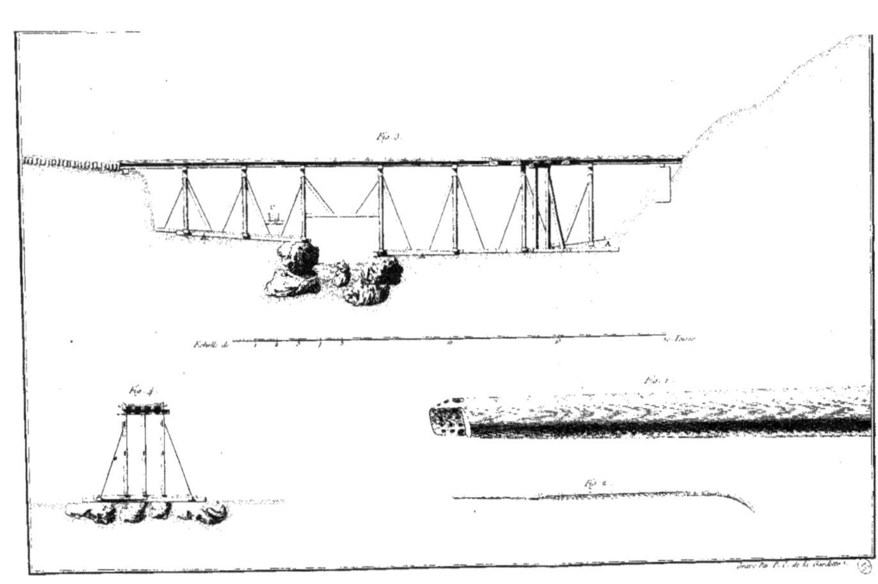

dessiné par P. C. de la Gardette.

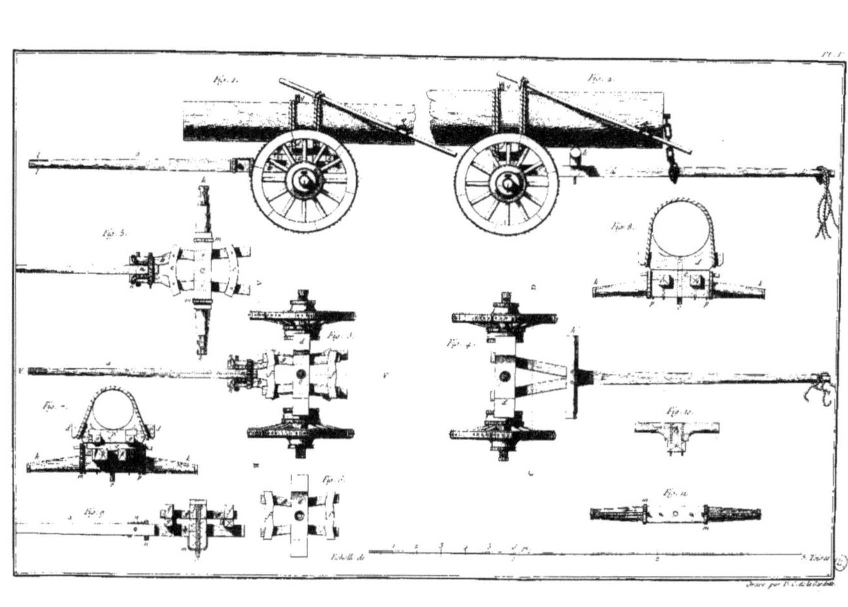

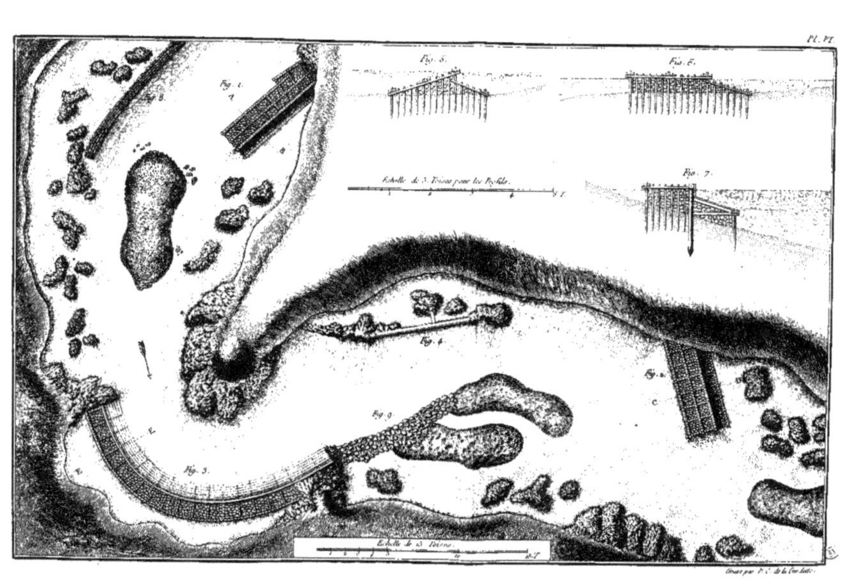

Pl. VI.
Fig. 5.
Fig. 6.
Fig. 7.
Echelle de 3 Toises pour les Profils.
Fig. 1.
Fig. 4.
Fig. 2.
Fig. 3.
Echelle de 15 Toises.
Gravé par P.t de la Cour édit.

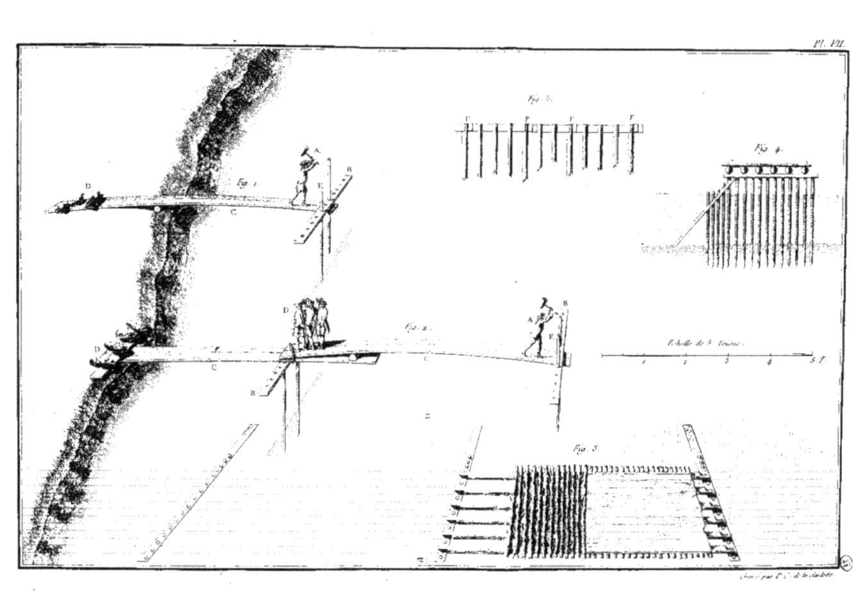

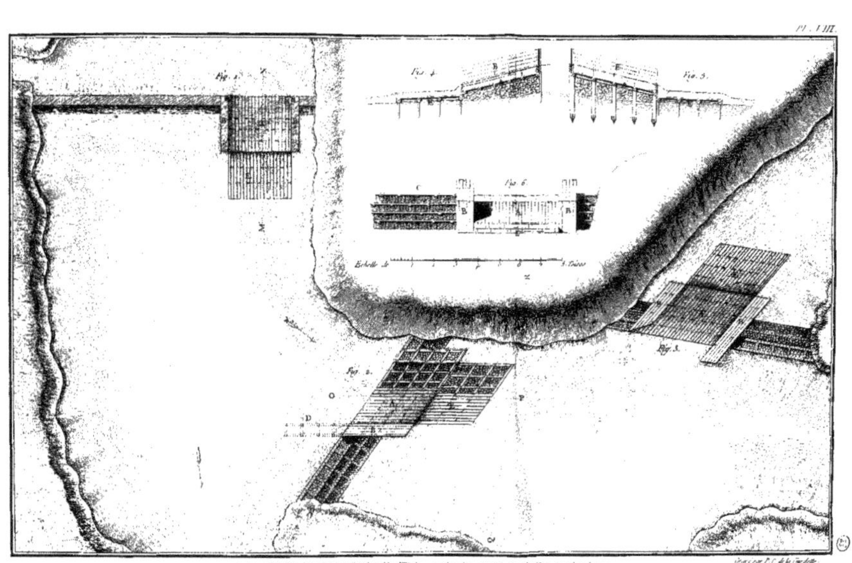

Pl. VIII.
Fig. 1.
Fig. 2.
Fig. 3.
Fig. 4.
Fig. 5.
Fig. 6.
Echelle de
Gravé par P. F. de la Tardette.

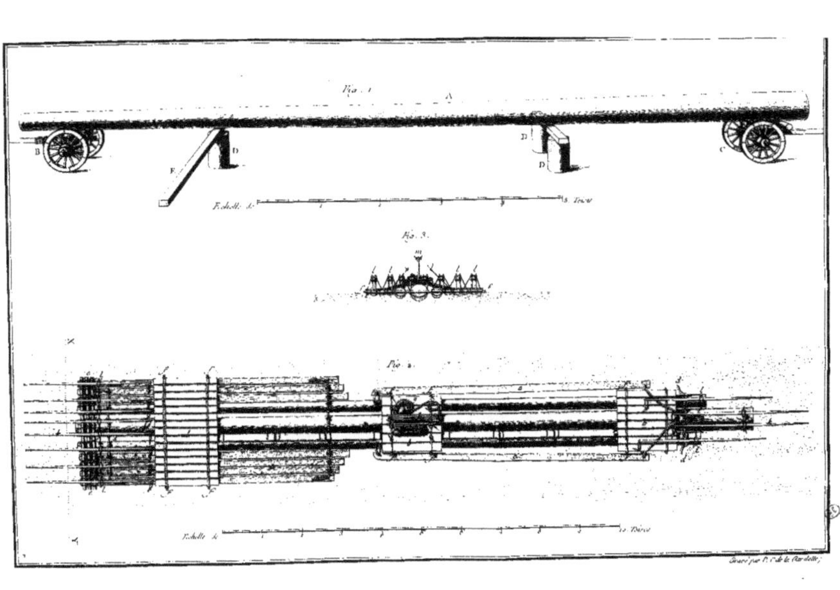

Fig. 1.
A
B
D
D
D
C
E
Echell: de
5 Toises
Fig. 3.
m
Fig. 2.
Echelle de
10 Toises
Gravé par P.t de la Pardelle

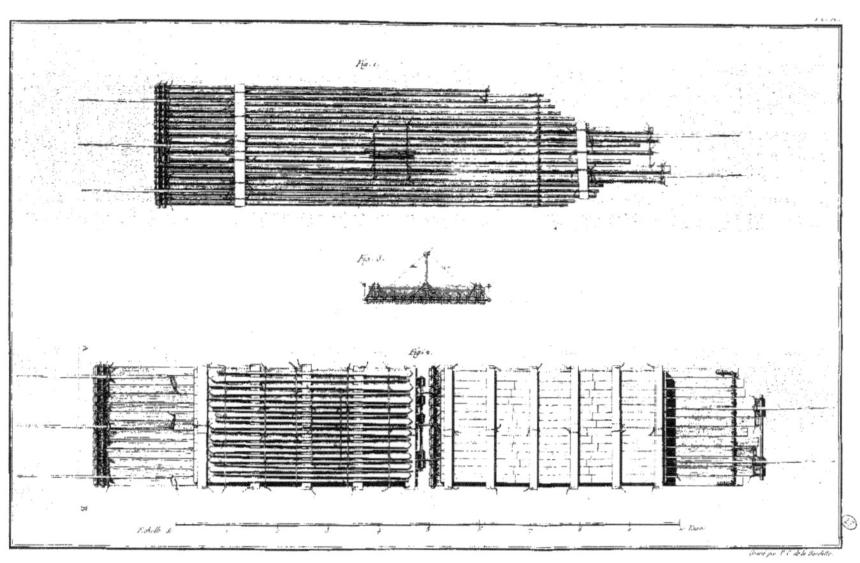

Fig. 1.
Fig. 3.
Fig. 2.
Echelle
Gravé par P.C. de la Garlette

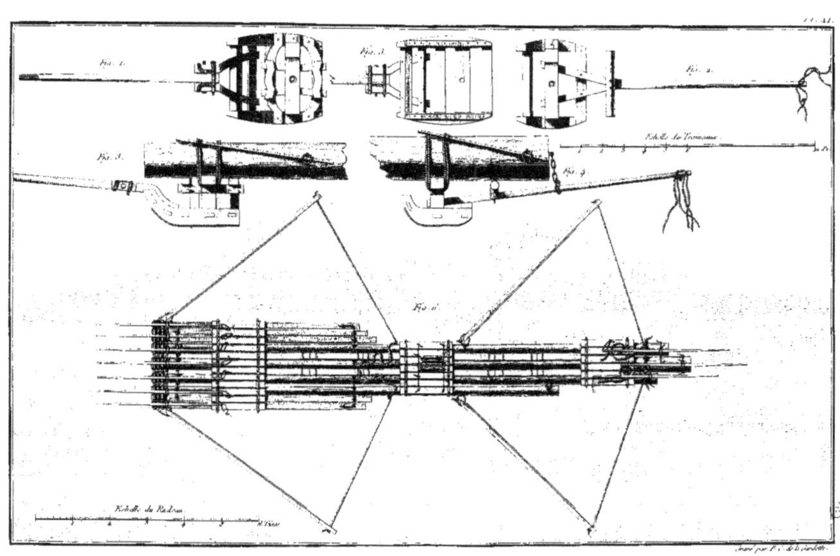

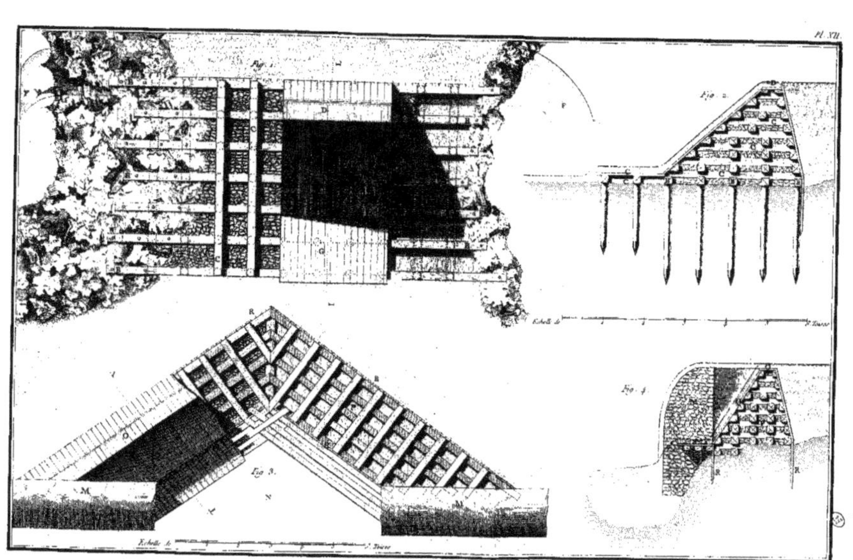
Pl. XII.
Fig. 1.
Fig. 2.
Fig. 3.
Fig. 4.
Echelle de
Echelle de
Gravé par P. C. de la Gardette.